Eurocode 1：结构上的作用

第2部分：桥梁上的交通荷载

BS EN 1991-2:2003
（包含2004年12月和2010年2月的勘误内容）

[英] 英国标准化协会（BSI）

欧洲结构设计标准译审委员会 **组织翻译**
胡大琳 牛艳伟 张景峰 **译**
周长晓 **一审**
张春华 **二审**
余顺新 **三审**

人民交通出版社股份有限公司
北 京

图书在版编目(CIP)数据

Eurocode 1:结构上的作用. 第2部分:桥梁上的交通荷载 : BS EN 1991-2:2003 / 英国标准化协会(BSI)编; 胡大琳, 牛艳伟, 张景峰译. — 北京 : 人民交通出版社股份有限公司, 2019.11

ISBN 978-7-114-15880-3

Ⅰ. ①E… Ⅱ. ①英… ②胡… ③牛… ④张… Ⅲ. ①桥梁结构—建筑规范—欧洲 Ⅳ. ①TU311

中国版本图书馆CIP数据核字(2019)第228356号

著作权合同登记号:图字01-2019-5898

Eurocode 1:Jiegou Shang de Zuoyong Di 2 Bufen:Qiaoliang Shang de Jiaotong Hezai

书　　名: **Eurocode 1:结构上的作用　第2部分:桥梁上的交通荷载**
BS EN 1991-2:2003
著 作 者: 英国标准化协会(BSI)
译　　者: 胡大琳　牛艳伟　张景峰
总 策 划: 朱伽林　韩　敏　孙　玺
责任编辑: 李　喆　卢俊丽
责任校对: 刘　芹
责任印制: 张　凯
出版发行: 人民交通出版社股份有限公司
地　　址: (100011)北京市朝阳区安定门外外馆斜街3号
网　　址: http://www.ccpress.com.cn
销售电话: (010)59757973
总 经 销: 人民交通出版社股份有限公司发行部
经　　销: 各地新华书店
印　　刷: 北京虎彩文化传播有限公司
开　　本: 880×1230　1/16
印　　张: 10.25
字　　数: 262千
版　　次: 2019年11月　第1版
印　　次: 2020年6月　第2次印刷
书　　号: ISBN 978-7-114-15880-3
定　　价: 800.00元
(有印刷、装订质量问题的图书,由本公司负责调换)

出 版 说 明

包括本标准在内的欧洲结构设计标准(Eurocodes)及其英国附件、法国附件和配套设计指南的中文版,是2018年国家出版基金项目“土木工程欧洲规范翻译与比较研究出版工程(一期)”的成果。

在对欧洲结构设计标准及其相关文本组织翻译出版过程中,考虑到标准的特殊性、用户基础和应用程度,我们在力求翻译准确性的基础上,还遵循了一致性和有限性原则。在此,特就有关事项作如下说明:

1. 本标准中文版根据英国标准化协会(BSI)提供的英文版进行翻译,仅供参考之用,如有异议,请以原版为准。

2. 中文版的排版规则原则上遵照外文原版。

3. Eurocode(s)是个组合再造词。本标准及相关标准范围内,Eurocodes 特指一系列共10部欧洲标准(EN 1990 ~ EN 1999),旨在为房屋建筑和构筑物及建筑产品的设计提供通用方法;Eurocode 与某一数字连用时,特指 EN 1990 ~ EN 1999 中的某一部,例如,Eurocode 8 指 EN 1998 结构抗震设计。经专家组研究,确定 Eurocode(s)宜翻译为“欧洲结构设计标准”,但为了表意明确并兼顾专业技术人员用语习惯,在正文翻译中保留 Eurocode(s)不译。

4. 书中所有的插图、表格、公式的编排以及与正文的对应关系等与外文原版保持一致。

5. 书中所有的条款序号、括号、函数符号、单位等用法,如无明显错误,与外文原版保持一致。

6. 在不影响阅读的情况下书中涉及的插图均使用英文原版插图,仅对图中文字进行必要的翻译和处理;对部分影响使用的英文原版插图进行重绘。

7. 书中涉及的人名、地名、组织机构名称以及参考文献等均保留外文原文。

特别致谢

本标准的译审由以下单位和人员完成。长安大学的胡大琳、牛艳伟、张景峰承担了主译工作,招商局重庆交通科研设计研究院有限公司的周长晓,中交第二公路勘察设计研究院有限公司的余顺新、张春华承担了主审工作。他(她)们分别为本标准的翻译工作付出了大量精力。在此谨向上述单位和人员表示感谢!

欧洲结构设计标准译审委员会

主 任 委 员：周绪红（重庆大学）
副主任委员：朱伽林（人民交通出版社股份有限公司）
杨忠胜（中交第二公路勘察设计研究院有限公司）
秘 书 长：韩　敏（人民交通出版社股份有限公司）
委　　员：秦顺全（中铁大桥勘测设计院集团有限公司）
聂建国（清华大学）
陈政清（湖南大学）
岳清瑞（中冶建筑研究总院有限公司）
卢春房（中国铁道学会）
吕西林（同济大学）
（以下按姓氏笔画排序）
王　佐（中交第一公路勘察设计研究院有限公司）
王志彤（中国天辰工程有限公司）
冯鹏程（中交第二公路勘察设计研究院有限公司）
刘金波（中国建筑科学研究院有限公司）
李　刚（中国路桥工程有限责任公司）
李亚东（西南交通大学）
李国强（同济大学）
吴　刚（东南大学）
张晓炜（河南省交通规划设计研究院股份有限公司）
陈宝春（福州大学）
邵长宇［上海市政工程设计研究总院（集团）有限公司］
邵旭东（湖南大学）
周　良［上海市城市建设设计研究总院（集团）有限公司］
周建庭（重庆交通大学）
修春海（济南轨道交通集团有限公司）
贺拴海（长安大学）
黄　文（航天建筑设计研究院有限公司）
韩大章（中设设计集团股份有限公司）
蔡成军（中国建筑标准设计研究院）
秘书组组长：孙　玺（人民交通出版社股份有限公司）
秘书组副组长：狄　谨（重庆大学）
秘书组成员：李　喆　卢俊丽　李　瑞　李　晴　钱　堃
岑　瑜　任雪莲　蒲晶境（人民交通出版社股份有限公司）

欧洲结构设计标准译审委员会总体组

组　　长:余顺新(中交第二公路勘察设计研究院有限公司)
成　　员:(按姓氏笔画排序)
王敬烨(中国铁建国际集团有限公司)
车　轶(大连理工大学)
卢树盛[长江岩土工程总公司(武汉)]
吕大刚(哈尔滨工业大学)
任青阳(重庆交通大学)
刘　宁(中交第一公路勘察设计研究院有限公司)
宋　婕(中国建筑标准设计研究院)
李　顺(天津水泥工业设计研究院有限公司)
李亚东(西南交通大学)
李志明(中冶建筑研究总院有限公司)
李雪峰[上海市城市建设设计研究总院(集团)有限公司]
张　寒(中国建筑科学研究院有限公司)
张春华(中交第二公路勘察设计研究院有限公司)
狄　谨(重庆大学)
胡大琳(长安大学)
姚海冬(中国路桥工程有限责任公司)
徐晓明(航天建筑设计研究院有限公司)
郭　伟(中国建筑标准设计研究院)
郭余庆(中国天辰工程有限公司)
黄　侨(东南大学)
谢亚宁(中设设计集团股份有限公司)
秘　　书:李　喆(人民交通出版社股份有限公司)
卢俊丽(人民交通出版社股份有限公司)

英国标准

BS EN 1991-2:2003

包含2004年12月和
2010年2月的勘误内容

Eurocode 1：结构上的作用

第2部分：桥梁上的交通荷载

ICS 91.010.30;93.040

国家前言

本英国标准是 EN 1991-2:2003 在英国的实施版本，包含了 2010 年 2 月的勘误内容。本标准替代废止的 DD ENV 1991-2-2:1995。所替代的英国标准详见下表。

本标准中因勘误而新增或改变的内容在相应文本的开头和结尾用标签进行标识。欧洲标准化委员会(CEN) 2010 年 2 月勘误的内容在正文中用 AC₁⟩⟨AC₁ 标注。

欧洲结构设计标准按主要材料类型分为:混凝土结构、钢结构、钢与混凝土组合结构、木结构、砌体结构和铝结构,以使某一特定设计所需的所有相关部分有共同的废止日期(DOW)。当所有欧洲标准出版之后,与之相冲突的国家标准将在共存期结束时废止。

在欧洲标准出版之后,允许有 2 年的国家修正期,在此期间 CEN 成员国发布各自的国家附件,随后是 3 年的共存期。在共存期内,鼓励各成员国调整其国家附件,在共存期结束时,与欧洲标准相冲突的国家标准中的条款将被废止。委员会将与各成员国商定各套 Eurocode 共存期的最后期限。

共存期结束时,国家标准将废止。

在英国,下列国家标准被 Eurocode 1 系列替代。这些国家标准将于相关 Eurocode 发布之日废止。

自发布以来提出的修订/勘误

修订编号	日　期	备　注
15508 1 号勘误	2004 年 12 月 15 日	增加了废止细节说明
	2010 年 4 月 30 日	实施 CEN 2010 年 2 月的勘误内容

本英国标准于 2003 年 10 月 31 日由标准政策和策略委员会授权发布

ISBN 978 0 580 68991 8

Eurocode	被替代的英国标准
EN 1991-1-1	EN 6399-1:1996
EN 1991-1-2	无
EN 1991-1-3	BS 6399-3:1988
EN 1991-1-4	BS 6399-2:1997, BS 5400-2:1978*
EN 1991-1-4	BS 5400-2:1978*
EN 1991-1-6	无
EN 1991-1-7	无
EN 1991-2	BS 5400-1:1988, BS 5400-2:1978*
EN 1991-3	无
EN 1991-4	无

BS EN 1990:2002 附录 A.2 出版前,将不会完全取代 BS 5400-2:1978。

受房屋建筑和土木工程结构技术委员会 B/525 委托,本英国标准的相关工作由作用(荷载)和设计基础分委员会 B/525/1 负责。

可向秘书处索要该分委员会的组织机构名单。

当本标准的某项内容允许各国自行选择时,正文中会给出范围和可能的选项,并以注的形式将其定为国家定义参数(NDP)。在欧洲标准中提及 NDPs 时,其可以是一个具体的系数值、一个特定的级别或类别、一种特殊的方法或特殊的应用性规定。

为了在英国应用 EN 1991-2,NDPs 将在国家附件中发布,在征求意见后由 BSI 适时提供。

本出版物不包含合同的所有必要条款。用户对其正确使用负责。

符合英国标准并不表示可以免除法律责任。

欧洲标准

EN 1991-2

2003 年 9 月

ICS 91.010.30;93.040

替代 ENV 1991-3:1995

包含 2010 年 2 月的勘误内容

英文版

Eurocode 1:结构上的作用　第 2 部分:桥梁上的交通荷载

本欧洲标准于 2002 年 11 月 28 日经欧洲标准化委员会(CEN)批准。

CEN 成员均须遵守 CEN/CENELEC 内部规章,其条款规定了在不作任何修改的情况下给予本欧洲标准国家标准地位的条件。可向管理中心或任何 CEN 成员提出申请,获取这些国家标准的最新清单和参考书目。

本欧洲标准有三个官方版本(英文版、法文版和德文版)。任何其他语言的版本,由 CEN 成员负责翻译成本国语言,并通知管理中心,其具有与官方版本相同的地位。

CEN 成员为各国的国家标准机构,包括奥地利、比利时、捷克、丹麦、芬兰、法国、德国、希腊、匈牙利、冰岛、爱尔兰、意大利、卢森堡、马耳他、荷兰、挪威、葡萄牙、斯洛伐克、西班牙、瑞典、瑞士和英国。

EUROPEAN COMMITTEE FOR STANDARDIZATION
COMITÉ EUROPÉEN DE NORMALISATION
EUROPÄISCHES KOMITEE FÜR NORMUNG

管理中心:斯大萨特街 36 号,B-1050,布鲁塞尔

(rue de Stassart,36 B-1050 Brussels)

文献编号: EN 1991-2:2003 E

目　次

前言

本文件(EN 1991-2:2003)由“Structural Eurocodes”技术委员会 CEN/TC 250 编制,其秘书处设在英国标准化协会(BSI)。

本欧洲标准应于 2004 年 3 月前通过发布等同文本或认可文件的形式,被赋予国家标准的地位,与之冲突的国家标准最迟应于[AC1) 2010 年 3 月(AC1]废止。

本标准替代 ENV 1991-3:1995。

CEN/TC 250 对所有欧洲结构设计标准负责。

[AC1)根据 CEN/CENELEC 内部规章,以下国家的国家标准组织机构必须执行本欧洲标准:奥地利、比利时、保加利亚、克罗地亚、塞浦路斯、捷克、丹麦、爱沙尼亚、芬兰、法国、德国、希腊、匈牙利、冰岛、爱尔兰、意大利、拉脱维亚、立陶宛、卢森堡、马耳他、荷兰、挪威、波兰、葡萄牙、罗马尼亚、斯洛伐克、斯洛文尼亚、西班牙、瑞典、瑞士和英国。(AC1]

Eurocode 计划的编制背景

1975 年,欧洲共同体委员会(Commission of the European Community,以下简称“委员会”)决定根据欧洲共同体条约第 95 条,在工程建设领域采取一项行动计划。该计划的目的是消除行业的技术壁垒,统一技术标准。

在此行动计划中,委员会牵头制定了一套统一的建筑工程设计技术规定,这套技术规定在第一阶段作为各成员国现行国家规范的一种替代方案,并会最终替代这些国家规范。

在各成员国代表组成的指导委员会的帮助下,委员会用了 15 年的时间进行标准编制,于 20 世纪 80 年代形成了第一版欧洲标准。

1989 年,委员会、欧盟(EU)(译者注:此处原文有误,应是欧洲共同体)成员国和欧洲自由贸易联盟(EFTA)根据委员会和 CEN 之间的协议[1],决定通过一系列授权将 Eurocodes 的编制和出版任务移交给 CEN,以便其将来具备欧洲标准(EN)的地位。这实际上将 Eurocodes 与所有的理事会指令[如:建筑产品指令(理事会 89/106/EEC 号指令),公共工程和服务指令(理事会 93/37/EEC 号、92/50/EEC 号和 89/440/EEC 号指令)。

---

[1]欧洲共同体委员会与欧洲标准化委员会(CEN)之间达成的协议,其内容是为房屋建筑和构筑物设计制定 Eurocodes(BC/CEN/03/89)。

以及为建立内部市场而启动的等效 EFTA 指令]和/或委员会关于欧洲标准的决议联系了起来。

欧洲结构设计标准包含以下标准 ,一般来说,每个标准包含若干部分:

EN 1990,Eurocode:结构设计基础

EN 1991,Eurocode 1:结构上的作用

EN 1992,Eurocode 2:混凝土结构设计

EN 1993,Eurocode 3:钢结构设计

EN 1994,Eurocode 4:钢与混凝土组合结构设计

EN 1995,Eurocode 5:木结构设计

EN 1996,Eurocode 6:砌体结构设计

EN 1997,Eurocode 7:岩土工程设计

EN 1998,Eurocode 8:结构抗震设计

EN 1999,Eurocode 9:铝结构设计

欧洲标准认可各成员国监管部门的责任,并保证各国有权确定与安全监管事项有关的参数,这些参数的取值因国而异。

Eurocodes 的地位和应用领域

欧盟(EU)成员国和欧洲自由贸易联盟(EFTA)认可 Eurocodes 作为参考文件有下列用途:

—作为房屋建筑和构筑物符合欧盟理事会 89/106/EEC 号指令的基本要求的证明手段,特别是基本要求 1——结构抗力及稳定性和基本要求 2——发生火灾时的安全性能。

—作为确定建筑物及相关工程服务合同的基本依据;

—作为制定建筑产品统一技术规则(ENs 和 ETAs)的框架性指导文件。

尽管 Eurocodes 与产品统一技术规则[2] 的性质不同,但对建筑工程本身而言,其与 CPD 第 12 条所述的解释性文件[3] 有直接关系。因此,CEN 技术委员会和/或(EOTA)工作组在制定产品标准时,必须充分考虑 Eurocodes 所产生的技术问题,以期实现这些产品技术规则与 Eurocodes 的完全兼容。

针对各种传统和新型结构,Eurocodes 为常用的整体结构和部件产品设计提供了通用规定。本标准未涵盖一些特殊的建筑形式或设计工况,涉及这此情况时,设计

---

[2] 根据 CPD 第 12 条,解释性文件应包含以下内容:

a)通过统一术语和技术基础,并在必要时标明每条要求的等级或水平,以给出基本要求的具体形式;

b)说明将这些要求的等级或水平与技术规则相关联的方法,例如:计算方法、验证方法、项目设计的技术规定等;

c)作为建立欧洲技术认证的统一标准与指南的参考。

Eurocodes 在基本要求 1(ER1)和部分基本要求 2(ER2)中实际上具有类似的作用。

[3] 根据 CPD 第 3.3 条,解释性文件中应给出基本要求(ERs)的具体形式,以便在基本要求和统一的 ENs 和 ETAGs/ETAs 规定之间建立必要的联系。

者需另行咨询专家意见。

执行 Eurocodes 的国家标准

Eurocodes 作为国家标准时,应包括 CEN 出版的 Eurocode(含全部附录)全部文本,其文前可加上国家版书名页和国家前言,另可配套国家附件。

国家附件可只包含 Eurocodes 中留待各国自行选择的参数信息,即"国家定义参数",这些参数将用于相关国家的房屋建筑和构筑物设计,即:

—Eurocode 中给出的备选方法的值和/或级别;

—Eurocode 中仅给出符号时,其对应的取值;

—国家特有数据(地理、气候等方面),如:雪荷载分布图;

—Eurocode 中给出的备选方法的使用方法。

国家附件还可能包括以下内容:

—关于使用资料性附录的决定;

—非矛盾性补充信息,以协助用户正确使用 Eurocode。

Eurocodes 和产品统一技术规则(ENs 和 ETAs)之间的联系

建筑产品的统一技术规则和工程技术规定[4] 之间需保持一致。此外,对于参考了 Eurocode 的建筑产品,其 CE 标志中所有信息,凡应用了国家定义参数的,均应明确提及。

EN 1991-2 的补充规定

EN 1991-1-2 规定了用于道路桥梁、人行桥和铁路桥梁设计的交通荷载模型。对于新建桥梁的设计,EN 1991-2 应与 Eurocodes EN 1990 ~ 1999 结合使用。

EN 1990 附录 A2 中给出了交通荷载与非交通荷载组合的依据。

可为具体项目制定补充规定:

—当需要考虑 Eurocode 1 中未定义的交通荷载(例如场地荷载、军事荷载、有轨电车荷载)时;

—公铁两用桥梁;

—偶然设计状况中应考虑的作用;

—圬工拱桥。

对于道路桥梁,在 4.3.2 和 4.3.3 中定义的荷载模型 1 和 2,修正系数 α 和 β 取 1,被认为是在欧洲国家主要路线上实际出现或预期出现的最严重的交通,但不包括允许行驶的特殊车辆。在这些国家和其他一些国家的其他路线上交通量可能会大大减少,或控制较好。但应当注意的是,大量现存桥梁不符合 EN 1991-2 和相关

---

[4] 见 CPD 第 3.3 条和第 12 条,以及 ID 1 第 4.2、4.3.1、4.3.2 和 5.2 条。

EN 1992 ~ EN 1999 的要求。

因此,建议国家管理机构对 α 和 β 的取值进行调整。在考虑国家交通法规和相关控制效率的基础上,根据桥梁所处的道路等级进行选择,但应尽可能简便。

对于铁路桥梁,6.3.2 中规定的荷载模型 71(以及针对连续桥梁的荷载模型 SW/0)表示运行在欧洲干线铁路网标准轨距或宽轨距线路上的标准铁路(轨道)交通的静力效应。6.3.3 中规定的 SW/2 荷载模型代表重载铁路(轨道)交通的静力效应。国家附件(见下文)或具体项目会确定应考虑这些荷载的线路或线路段。

制定了调整规定荷载的条款,以满足不同铁路上铁路(轨道)交通的性质、交通量、最大重量以及轨道质量差异。对于承载比标准铁路(轨道)交通更重或更轨的线路的荷载,可以在给定荷载模型 71 和 SW/0 标准值的基础上乘以系数 α。

此外,还给出了另外两种铁路桥梁的荷载模型:

—荷载模型“空载列车”用于验算单轨桥梁的横向稳定性;

—高速荷载模型(HSLM)用于表示速度超 200km/h 的客车荷载。

给出了移动列车对铁路轨道邻近结构空气动力作用以及来自铁路基础设施的其他荷载作用的计算指南。

桥梁是公共基础设施工程,因此:

—关于公共工程合同的欧洲指令 89/440/EEC 特别相关;

—公共管理机构作为其所有者对其负责。

公共管理机构也可发布授权交通(特别是车辆荷载)的规定,以及在相关情况下的管控制度,例如特殊车辆。

因此,EN 1991-2 适用于:

—委员会起草结构设计和相关产品、试验标准和施工标准;

—用户(例如,制定其对交通和相关荷载要求的具体要求);

—设计师和施工人员;

—相关监管部门。

[AC1)如果表或图(AC1]是注释的一部分,则表号或图号后面跟着(n)[例如:表 4.5(n)]。

EN 1991-2 的国家附件

本标准标注并给出了可由国家决定选用的备选方法、数值和级别建议。因此,EN 1991-2 作为国家标准时宜包括一份国家附件,其中包含相关国家设计所要建设的桥梁时所需的所有国家定义参数。

EN 1991-2 的以下条款,允许各国自行决定:

1 总则	
1.1(3)	埋置式结构、挡土墙和隧道的补充规定
2 作用的分类	
2.2(2)注 2	道路桥梁荷载中罕遇值的使用
2.3(1)	针对碰撞的合理保护定义
2.3(4)	各种来源的碰撞力规定
3 设计状况	
(5)	公铁两用桥梁的规定
4 道路桥梁上的交通荷载和其他作用	
4.1(1)注 2	加载长度大于 200m 的道路交通荷载
4.1(2)注 1	限载桥梁的特殊荷载模型
4.2.1(1)注 2	补充荷载模型的定义
4.2.1(2)	特殊车辆模型的定义
4.2.3(1)	路缘石的常规高度
4.3.1(2)注 2	荷载模型的使用
4.3.2(3)注 1 和注 2	系数 α 的取值
4.3.2(6)	简化的备选荷载模型的使用
4.3.3(2)	系数 β 的取值
4.3.3(4)注 2	荷载模型车轮接地面的选取
[AC1⟩删除的文本⟨AC1]	
4.3.4(1)	荷载模型 3 的定义（特殊车辆）
4.4.1(2)注 2	道路桥梁制动力的上限
4.4.1(2)注 2	与荷载模型 3 相关的水平力
4.4.1(3)	与荷载模型 3 相关的水平力
4.4.1(6)	由伸缩缝传递的制动力
4.4.2(4)	道路桥梁桥面上的横向力
4.5.1 表 4.4a 注 a 和注 b	gr1a 水平力的计入
[AC1⟩ 4.5.2(1)注 3 ⟨AC1]	可变作用罕遇值的使用
[AC1⟩ 4.6.1(2)注 2 和注 4 ⟨AC1]	疲劳荷载模型的使用
4.6.1(3)注 1	交通分类的定义
4.6.1(6)	附加放大系数（疲劳）的定义
4.6.4(3)	疲劳荷载模型 3 的修正
4.6.5(1)注 2	疲劳荷载模型 4 使用的道路交通特性
4.6.6(1)	疲劳荷载模型 5 的使用

（续）

4.7.2.1(1)	冲击力和冲击高度的定义
4.7.2.2(1)注1	桥面碰撞力的定义
4.7.3.3(1)注1	车辆防护系统碰撞力的定义
4.7.3.3(1)注3	与水平碰撞力同时作用的竖向力的定义
4.7.3.3(2)	针对车辆护墙支承结构的设计荷载
4.7.3.4(1)	无保护的竖向结构构件的碰撞力定义
4.8(1)注2	行人护墙上的作用的定义
4.8(3)	针对支承结构的由行人护墙引起的设计荷载的定义
4.9.1(1)注1	挡土结构上荷载模型的定义
5 人行道、自行车道和人行桥上的作用	
5.2.3(2)	针对检修通道的荷载模型定义
5.3.2.1(1)	均布荷载的标准值定义
5.3.2.2(1)	人行桥上集中荷载标准值的定义
5.3.2.3(1)P 注1	人行桥服务车辆的定义
5.4(2)	人行桥水平荷载的标准值
5.6.1(1)	特殊撞击力的定义
5.6.2.1(1)	桥墩的碰撞力
5.6.2.2(1)	桥跨结构的碰撞力
5.6.3(2)注2	针对人行桥上偶然出现车辆的荷载模型定义
5.7(3)	人群荷载动力模型的定义
6 铁路桥梁上的铁路交通荷载和其他作用	
6.1(2)	EN 1991-2 适用范围以外的交通，备选荷载模型
6.1(3)P	其他类型铁路
6.1(7)	临时桥梁
6.3.2(3)P	系数 α 的取值
6.3.3(4)P	重载铁路线路的选择
6.4.4	动力分析的备选要求
6.4.5.2(3)P	动力系数的选择
6.4.5.3(1)	确定性长度的可选值
6.4.5.3 表6.2	横向悬臂的确定性长度
6.4.6.1.1(6)	应用 HSLM 的附加要求
6.4.6.1.1(7)	动力分析的加载及方法
6.4.6.1.2(3) 表6.5	基于轨道数量的附加荷载工况
6.4.6.3.1(3) 表6.6	阻尼值

(续)

6.4.6.3.2(3)	材料密度的备选值
6.4.6.3.3(3) 注 1 注 2	 增大的杨氏模量 其他材料特性
6.4.6.4(4)	共振时峰值响应的降低及其他备选阻尼值
6.4.6.4(5)	轨道和车辆缺陷的修正
6.5.1(2)	离心力重心高度增加
6.5.3(5)	加载长度超过 300m 的制动力作用
6.5.3(9)P	牵引力和制动力的备选要求
6.5.4.1(5)	结构与轨道组合响应,对于无砟轨道的要求
6.5.4.3(2) 注 1 和注 2	对温度范围的备选要求
6.5.4.4(2)	轨道与桥面板之间的纵向抗剪承载力
6.5.4.5	备选设计标准
6.5.4.5.1(2)	轨道半径最小值
6.5.4.5.1(2)	轨道应力限值
6.5.4.6	其他计算方法
6.5.4.6.1(1)	简化计算方法的备选标准
6.5.4.6.1(4)	轨道与桥面板之间的纵向塑性抗剪承载力
6.6.1(3)	气动作用,可选值
6.7.1(2)P	铁路交通脱轨,附加要求
6.7.1(8)P	铁路交通脱轨,位于轨道上方的结构构件措施和将脱轨列车保留在结构上的要求
6.7.3(1)P	其他作用
6.8.1(11)P 表 6.10	检查排水和结构净空时加载轨道的数量
6.8.2(2) 表 6.11	荷载组的评估
6.8.3.1(1)	多组件作用的频遇值
6.8.3.2(1)	多组件作用的准永久值
6.9(6)	疲劳荷载模型,结构寿命
6.9(7)	疲劳荷载模型,特殊交通
附录 C (3)P	动力系数
附录 C (3)P	动力分析方法
附录 D 2(2)	疲劳荷载分项系数

1 总则

1.1 适用范围

(1)EN 1991-2 规定了与道路交通、人群荷载、铁路交通(译者注:含轨道交通)相关的外加荷载(模型及其代表值),还包括相关的动力效应和离心力、制动力和加速度作用以及针对偶然设计状况的作用。

(2)EN 1991-2 规定的外加荷载主要用于新建桥梁的设计,包括桥墩、桥台、背墙、翼墙、侧墙等及其基础。

(3)在设计与道路和铁路相邻的挡土墙时,应采用 EN 1991-2 给出的荷载模型和数值。

注:EN 1991-2 只对部分模型规定了适用条件。对于埋置式结构、挡土墙和隧道的设计,还需要参照除 EN 1990 至 EN 1999 之外的其他规定。国家附件或具体工程中还可能规定补充条件。

(4)EN 1991-2 应与 EN 1990(特别是附录 A2)和 EN 1991 至 EN 1999 结合使用。

(5)第 1 章给出定义和符号说明。

(6)第 2 章规定了道路桥、人行桥(或自行车道桥)和铁路桥的加载原则。

(7)第 3 章介绍了设计状况,并给出交通荷载模型以及与非交通荷载组合的指导。

(8)第 4 章规定:

—道路桥梁上由交通荷载产生的外加荷载(模型及其代表值),这些外加荷载相互组合的条件以及这些外加荷载与人群荷载和自行车荷载(见第 5 章)组合的条件;

—用于道路桥梁设计的其他作用。

(9)第 5 章规定:

—人行道、自行车道和人行桥的外加荷载(模型及其代表值);

—专门用于人行桥设计的其他作用。

(10)第4章和第5章同时规定了由车辆防护系统和/或人行道栏杆传递至结构的荷载。

(11)第6章规定:

—桥梁上由铁路交通产生的外加荷载;

—专门用于铁路桥梁及邻近铁路结构设计的其他作用。

1.2 规范性引用文件

本欧洲标准在适当位置引用了下列有日期标注或无日期标注的文件。对于有日期标注的文件,其后续修改或修订仅在通过修改或修订被纳入本标准中后,方可适用;对于无日期标注的文件,其最新版本(包括修订版)适用于本标准。

EN 1317 道路防护系统

第1部分:试验方法术语和一般原则

第2部分:防撞栏的性能等级、冲击试验验收标准和试验方法

第6部分:行人防护系统人行道护栏

注:Eurocodes作为欧洲预标准出版。下列已出版或准备出版的欧洲标准将在规范性条款或其附注中被引用:

EN 1990 Eurocode:结构设计基础

EN 1991-1-1 Eurocode 1:结构上的作用 第1-1部分:一般作用——房屋建筑的密度、自重和外加荷载

EN 1991-1-3 Eurocode 1:结构上的作用 第1-3部分:一般作用——雪荷载

prEN 1991-1-4 Eurocode 1:结构上的作用 第1-4部分:一般作用——风荷载

prEN 1991-1-5 Eurocode 1:结构上的作用 第1-5部分:一般作用——温度作用

prEN 1991-1-6 Eurocode 1:结构上的作用 第1-6部分:一般作用——施工荷载

prEN 1991-1-7 Eurocode 1:结构上的作用 第1-7部分:一般作用——偶然作用

EN 1992 Eurocode 2:混凝土结构设计

EN 1993 Eurocode 3:钢结构设计

EN 1994 Eurocode 4:钢与混凝土组合结构设计

EN 1995 Eurocode 5:木结构设计

EN 1997　Eurocode 7:岩土工程设计

EN 1998　Eurocode 8:结构抗震设计

EN 1999　Eurocode 9:铝结构设计

1.3　原则性规定与应用性规定的区别

(1)根据不同条款的特性,EN 1991-2 中区分了原则性规定与应用性规定。

(2)原则性规定包括:

—没有备选项的一般陈述和定义;

—除有特别规定外,不允许有备选项的要求和分析模型。

(3)原则性规定以在段落序号后标注字母 P 识别。

(4)符合原则性规定并满足其要求的规定被认定为应用性规定。

(5)允许使用与 EN 1991-2 所给应用性规定不同的备选设计规定,只要其符合相关原则性规定,并至少具有与使用 Eurocodes 相同水平的结构安全性、使用性和耐久性。

注:若备选设计规定替代了应用性规定,即使设计仍符合 EN 1991-2 的原则性规定,也不能声称由此得出的设计与 EN 1991-2 完全一致。当使用 EN 1991-2 涉及产品标准附录 Z 中所列属性或 ETAG[5] 时,使用备选设计规定的设计不能带 CE 标志。

(6)在 EN 1991-2 中,应用性规定用带括号的数字识别,例如本条款。

1.4　术语与定义

注 1:就本欧洲标准而言,一般定义在 EN 1990 中给出,本部分的附加定义在下文中给出。

注 2:有关道路防护系统的术语引自 EN 1317-1。

1.4.1　通用术语和定义

1.4.1.1

桥跨结构板(deck)

桥梁的一部分,在桥墩、桥台和其他墙式结构之上,不包括桥塔,用于承担交通荷载。

[5] ETAG:欧洲技术认证指南。

1.4.1.2

道路防护系统(road restraint system)

道路上采用的车辆防护系统和行人防护系统的统称。

注:根据不同的使用场合,道路防护系统可能为:

—永久性的(固定的)或临时性的(可拆除的,即可移动的和在临时道路施工、紧急事件或类似情况中使用的);

—可变形的或刚性的;

—单面的(只允许单侧撞击)或双面的(两侧均允许撞击)。

1.4.1.3

防撞栏(safety barrier)

安装在道路两侧或中间带的道路车辆防护系统。

1.4.1.4

车辆护墙(vehicle parapet)

安装在桥梁或挡土墙或类似有竖直落差的结构的边缘或靠近边缘的安全屏障,起到额外的保护或约束行人和其他道路使用者的功能。

1.4.1.5

行人防护系统(pedestrian restraint system)

用于围挡和引导行人而安装的系统。

1.4.1.6

人行道护栏(pedestrian parapet)

沿着桥梁或挡土墙或类似结构的顶部安装的行人或"其他使用者"的防护系统,并不打算用作道路车辆防护系统。

1.4.1.7

人行道隔离栏(pedestrian guardrail)

沿着人行道边缘设置的用于围挡行人或"其他使用者"的防护系统,用于限制行人或"其他使用者"步入或穿过可能危险的道路或其他区域。

注:"其他使用者" 可能包括骑马者、骑自行车者和牲畜。

1.4.1.8

声屏障(noise barrier)

减少噪声传播的屏障。

1.4.1.9

检修通道(inspection gangway)

用于检修的永久通道,不向公共交通开放。

1.4.1.10

移动式检测平台(movable inspection platform)

是车辆的一部分,与桥梁分开,用于检测。

1.4.1.11

人行桥(foot bridge)

主要用于承受行人和/或自行车荷载,不承受除许可车辆(例如维修车辆)外的公路交通荷载和任何铁路荷载。

1.4.2 公路桥梁的专用术语和定义

1.4.2.1

行车道(carriageway)

适用于第4章和第5章,由单一结构(例如桥跨结构、桥墩等)支承的路面部分,包括全部实际车道(即标画于路面上的车道)、硬路肩、硬路缘带和标线[见4.2.3(1)]。

1.4.2.2

硬路肩(hard shoulder)

带状面,宽度通常为一个车道,紧邻最外侧实际车道,供出现故障的车辆或实际车道受阻时使用。

1.4.2.3

硬路缘带(hard strip)

带状面,宽度通常小于或等于2m,沿实际车道布置,介于车道和安全护栏或车辆护栏之间。

1.4.2.4

中间带(central reservation)

用于隔离可双向行车道路的行车道的区域,通常包含中央分隔带及由安全护栏将其与中央分隔带分开的侧向硬路缘带。

1.4.2.5

名义车道(notional lane)

行车道带,平行于行车道的一条边,在第4章中认为其承载一列小汽车和/或货车。

1.4.2.6

剩余区域(remaining area)

指行车道总区域中除去名义车道总区域外的区域(见图4.1)。

1.4.2.7

串联系统(tandem system)

考虑同时加载的两个连续车轴的组合。

1.4.2.8

非正常荷载(abnormal load)

未经有关部门批准,不允许在道路上运行的车辆荷载。

1.4.3 铁路桥梁的专用术语和定义

1.4.3.1

轨道(tracks)

轨道包括钢轨和轨枕。其铺设在道床上或直接固定在桥跨结构上。轨道在桥跨结构一端或两端可能设置伸缩缝。考虑轨道的维护管养,在桥梁寿命期内轨道的位置和道砟的厚度均可进行适当调整。

1.4.3.2

步行道(footpath)

处于轨道和栏杆之间,沿轨道方向的带状区域。

1.4.3.3

共振速度(resonant speed)

当列车运动引起的加载频率(或多阶加载频率)接近结构某一阶固有频率(或多阶固有频率)时的运行速度。

1.4.3.4

频遇运行速度(frequent operating speed)

特定类型的实际列车在现场运行时最可能的速度(用于疲劳分析)。

1.4.3.5

现场最大线路速度(maximum line speed at the site)

具体工程某一区段的最大允许速度(一般受基础设施特性或铁路运行安全要求的限制)。

1.4.3.6

车辆最大允许速度(maximum permitted vehicle speed)

满足车辆要求的实际列车最大允许速度,一般与基础设施无关。

1.4.3.7

最大名义速度(maximum nominal speed)

通常指现场最大线路速度。对于具体工程,会采用一个折减速度对实际列车最大允许速度进行验算。

1.4.3.8

最大设计速度(maximum design speed)

一般为最大名义速度的1.2倍。

1.4.3.9

列车最大试车速度(maximum train commissioning speed)

用于检验一列新列车在服役或进行专门测试等前的最大运行速度。最大试车速度一般会超过列车最大允许速度,针对具体工程会提出相应的要求。

1.5 符号

在本欧洲标准中,下列符号适用。

1.5.1 通用符号

注:仅在一处使用的符号不在下文中系统再述。

大写拉丁字母

L——通常指加载长度。

小写拉丁字母

gri——荷载组,i 为数字($i=1\sim n$);

r——行车道或轨道中心线的水平半径;
轮载横向距离(见图 6.3)。

1.5.2 第 4 章和第 5 章的符号

大写拉丁字母

Q_{ak}——公路桥梁的单轴荷载(荷载模型 2)标准值(见 4.3.3);

Q_{flk}——人行桥上的水平力标准值;

Q_{fwk}——人行桥上集中荷载(车轮荷载)标准值(见 5.3.2.2);

Q_{ik}——作用在公路桥梁第 $i(i=1,2\cdots)$ 个名义车道上轴载(荷载模型 1)标准值;

Q_{lk}——公路桥梁上纵向力(制动力和加速力)标准值;

Q_{serv}——人行桥上与服务车辆相关的荷载模型;

Q_{tk}——公路桥梁上横向力或离心力标准值;

Q_{trk}——公路桥梁上的横向制动力;

TS——荷载模型 1 的串联系统;

UDL——荷载模型 1 的均布荷载。

小写拉丁字母

f_h——通常指桥梁的固有水平频率;

f_v——通常指桥梁的固有竖向频率;

n_l——公路桥梁的名义车道数量;

q_{eq}——作用在路堤上轴载的等效均布荷载(见 4.9.1);

q_{fk}——作用在人行道或人行桥上的竖向均布荷载标准值；

q_{ik}——作用在公路桥梁第 i 个(i = 1,2,…)名义车道上的竖向均布荷载(荷载模型 1)标准值；

q_{rk}——作用在行车道剩余区域上的竖向均布荷载(荷载模型 1)标准值；

w——公路桥梁的行车道宽度,包括硬路肩、硬路缘带和标线[见 4.2.3(1)]；

w_1——公路桥梁的名义车道宽度。

大写希腊字母

$\Delta\varphi_{fat}$——用于伸缩缝附近疲劳(计算)的附加动力放大系数[见 4.6.1(6)]。

小写希腊字母

α_{Qi}、α_{qi}——车道 i (i = 1, 2…)上某些荷载模型的调整系数, 定义见 4.3.2;

α_{qr}——剩余区域上的荷载模型调整系数, 定义见 4.3.2;

β_Q——荷载模型 2 的调整系数,定义见 4.3.3;

φ_{fat}——用于疲劳(计算)的动力放大系数 (见附录 B)。

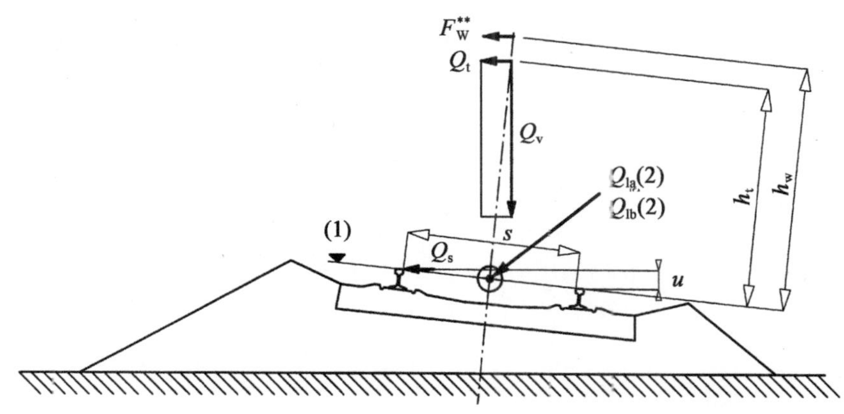

图注：

(1)-走行面

(2)-沿轨道中心线施加的纵向力

图 1.1　铁路的符号和尺寸示意

1.5.3　第 6 章的符号

大写拉丁字母

$A_{(L/\lambda)}G_{(\lambda)}$——激励[见式(E.4)和式(E.5)]；

D——车厢或车辆长度；

D_{IC}——常规(普通)单轴车厢的列车中间车厢的长度；

E_{cm}——常重混凝土的割线弹性模量；

F_L——总纵向支承反力；

F_{Qk}——因桥跨结构变形每根轨道作用在固定支座上的纵向力；

F_{Tk}——温度作用下，考虑轨道和结构的组合响应，在固定支座上产生的纵向反力；

F_w^{**}——铁路交通的风荷载；

F_{li}——由第 i 个作用引起的纵向支承反力；

G——自重（一般情况）；

H——固定支座转动轴与桥跨结构顶面（轨下道砟底面）之间的高度；

K——纵向支承总刚度；

K_2——每根轨道每延米纵向支承刚度，2×10^3kN/m；

K_5——每根轨道每延米纵向支承刚度，5×10^3kN/m；

K_{20}——每根轨道每延米纵向支承刚度，20×10^3kN/m；

L——长度（一般情况）；

L_T——伸缩长度；

L_{TP}——最大允许伸缩长度；

L_f——曲线轨道加载部分影响长度；

L_i——影响长度；

L_Φ——“确定性”长度（与动力系数 Φ 相关）；

M——列车集中力数量；

N——规律性重复的车厢或车辆数，
轴数，
等效集中力的数量；

P——集中力，
单轴荷载；

Q——集中力或可变作用（一般情况）；

Q_{A1d}——脱轨集中荷载；

Q_h——水平力（一般情况）；

Q_k——集中力或可变作用标准值（例如非公共人行道竖向荷载标准值）；

Q_{lak}——牵引力标准值；

Q_{lbk}——制动力标准值；

Q_r——铁路交通荷载（一般情况，例如风和离心力的合力）；

Q_{sk}——摇摆力标准值；

Q_{tk}——离心力标准值；

Q_v——竖向轴载；

Q_{vi}——轮载；

Q_{vk}——竖向荷载标准值(集中荷载)；

ΔT——温度变化；

ΔT_D——桥面温度变化；

ΔT_N——温度变化；

ΔT_R——轨道温度变化；

V——速度(km/h)，

现场最大线路速度(km/h)；

X_i——由 i 个轴组成的地铁列车的长度。

小写拉丁字母

a——轨道支承点间距离,分布荷载长度(荷载模型 SW/0 和 SW/2)；

a_g——轨道中心水平距离；

a_g'——轨道中心等效水平距离；

b——轨枕和道砟荷载纵向分布长度；

c——分布荷载间距(荷载模型 SW/0 和 SW/2)；

d——轴组的常规间距，

转向架轴间距，

HSLM-B 模型中集中力间距；

d_{BA}——转向架轴间距；

d_{BS}——相邻转向架中心距；

e——竖向荷载偏心距,合成作用偏心距(在参考平面上)；

e_c——跨越两独立列车组间连接器(挂钩)的相邻轴间距；

f——离心力的折减系数；

f_{ck}、$f_{ck,cube}$——混凝土圆柱体抗压强度/立方体抗压强度；

g——重力加速度；

h——高度(一般情况)，

包括道砟在内的从桥跨结构顶面到轨枕顶面的覆盖层高度；

h_g——走行面至轨道上结构底面的竖直距离；

h_t——走行面以上离心力作用高度；

h_w——走行面以上风荷载作用高度；

k——轨道纵向塑性剪切抗力；

k_1——列车形状系数；

k_2——平行于轨道的竖直平面上气流作用的系数；

k_3——邻近轨道水平面上气流作用的折减系数；

k_4——环绕轨道的表面上气流作用的系数(水平作用)；

k_5——环绕轨道的表面上气流作用的系数(竖向作用)；

k_{20}——轨道纵向塑性剪切抗力,20kN/m；

k_{40}——轨道纵向塑性剪切抗力,40kN/m；

k_{60}——轨道纵向塑性剪切抗力,60kN/m；

n_0——未承载结构的一阶弯曲频率；

n_T——结构的一阶扭转频率；

q_{A1d}、q_{A2d}——脱轨荷载的分布荷载；

q_{fk}——非公共人行道竖向荷载标准值(均布荷载)；

q_{ik}——等效分布气动作用标准值；

q_{lak}——分布牵引力标准值；

q_{lbk}——分布制动力标准值；

q_{tk}——分布离心力标准值；

q_{v1}、q_{v2}——竖向荷载(均布荷载)；

q_{vk}——竖向荷载标准值(均布荷载)；

r——轨道曲率半径,
轮载横向距离；

s——轨距；

u——超高,轨道某特定位置两铁轨顶面的竖向距离；

v——最大名义速度(m/s),
车辆最大允许速度(m/s),
速度(m/s)；

v_{DS}——最大设计速度(m/s)；

v_i——共振速度(m/s)；

y_{dyn}、y_{stat}——任意一点最大动力响应和对应的最大静力响应。

大写希腊字母

Θ——结构端部转角(一般情况)；

Φ (Φ_2,Φ_3)——铁路荷载动力系数(荷载模型 71、SW/0 和 SW/2)。

小写希腊字母

α——荷载分类系数,

速度系数,

热膨胀线性温度系数;

β——中性轴到桥跨结构顶面的距离与相应桥跨结构高度 H 的比值;

δ——变形(一般情况),

竖向挠度;

δ_0——永久作用下跨中竖向挠度;

δ_B——由牵引力和制动力引起的桥跨结构端部相对纵向位移;

δ_H——由桥面板变形引起的桥跨结构端部相对纵向位移;

δ_h——水平位移,

由下部结构基础纵向位移引起的水平位移;

δ_p——由下部结构纵向变形引起的水平位移;

δ_V——桥跨结构端部相对竖向位移;

δ_φ——基础纵向转动引起的水平位移;

γ_{Ff}——疲劳荷载分项系数;

γ_{Mf}——疲劳强度分项系数;

φ、φ'、φ''——实际列车静载动力放大系数;

φ'_{dyn}——由动力分析确定的实际列车静载动力放大系数;

κ——桥台与桥墩之间的相对刚度系数;

λ——疲劳损伤等效系数,

激励波长;

λ_C——激励临界波长;

λ_i——激励主波长;

λ_v——最大设计速度时的激励波长;

ρ——密度;

σ——应力;

σ_A、σ_B、σ_M——铁路交通荷载引起的桥跨结构顶面压力;

$\Delta\sigma_{71}$——荷载模型 71(及需用荷载模型 SW/0 处)的应力幅;

$\Delta\sigma_C$——疲劳强度参考值;

ξ——确定牵引力和制动力引起的单个桥跨结构固定支座纵向力的折减系数；

ζ——临界阻尼的百分比下限（%），

阻尼比；

ζ_{TOTAL}——总阻尼（%）；

$\Delta\zeta$——附加阻尼（%）。

2 作用的分类

2.1 一般规定

(1)作用在桥梁上相关的交通荷载和其他特殊作用应根据 EN 1990 的第 4 章(4.1.1)进行分类。

(2)作用在公路桥梁、人行桥和铁路桥梁上的交通荷载包括可变作用和偶然设计状况下的作用,这些作用采用不同的模型表示。

(3)第 4 ~6 章中的所有交通荷载,均可划分为自由作用。

(4)交通荷载是多成分作用。

2.2 可变作用

(1)在正常使用条件下(即不包括任何偶然状况),交通和人群荷载(必要时计入动力放大系数)应视为可变作用。

(2)各种代表值:

—标准值,既可以是统计值,即对应于桥梁设计使用年限内的某一超越概率,也可以是名义值,见 EN 1990 的 4.1.2(7);

—频遇值;

—准永久值。

注 1:表 2.1 给出了道路桥梁和人行桥主要荷载模型(疲劳除外)的校准信息。可使用 EN 1990 的图 C.1 中的方法(a)确定铁路荷载及相关的系数 γ 和 ψ。

注 2:对于道路桥梁,国家附件可强制采用罕遇值,该值对应于欧洲主要道路平均重现期为一年的交通。也可参见 EN 1992-2、EN 1994-2 和 EN 1990 附录 A2。

(3)在计算疲劳寿命时,4.6(公路桥梁)、6.9(铁路桥梁)和相关附录中分别给出了独立模型和相关值以及具体要求。

表 2.1 主要荷载模型(疲劳除外)的校准依据

交通荷载模型	标准值	频遇值	准永久值
公路桥梁			
LM1 (4.3.2)	欧洲主要道路(系数 α 为1,见4.3.2)上重现期为1000年(或50年内超越概率为5%)的交通荷载	欧洲主要道路(系数 α 为1,见4.3.2)上重现期为1周的交通荷载	依据 EN 1990 所给出的定义进行校准
LM2 (4.3.3)	欧洲主要道路(系数 β 为1,见4.3.3)上重现期为1000年(或50年内超越概率为5%)的交通荷载	欧洲主要道路(系数 β 为1,见4.3.3)上重现期为1周的交通荷载	无相关内容
LM3 (4.3.4)	一组名义值。附录A的基本值基于各国规则综合推导得出	无相关内容	无相关内容
LM4 (4.3.5)	用以表示人群效应的名义值。其定义参考现有的国家标准	无相关内容	无相关内容
人行桥			
均布荷载 (5.3.2.1)	用以表示人群效应的名义值。其定义参考现有的国家标准	在2人/m^2的基础上校准所得的等效静力(不包括特殊动力行为)。对于城区范围内的人行桥,可以认为是重现期为1周的荷载	依据 EN 1990 所给出的定义进行校准
集中力 (5.3.2.2)	名义值。其定义参考现有的国家标准	无相关内容	无相关内容
服务车辆 (5.3.2.3)	名义值。按照规定或由5.6.3给出	无相关内容	无相关内容

2.3 偶然设计状况的作用

(1)道路车辆和列车由于碰撞、意外的出现或(出现在不当的)位置而可能产生的作用。当没有提供适当的防护措施时,结构设计应考虑这些作用。

注:国家附件或具体项目中可规定适当的防护措施。

(2)本部分(译者注:EN 1991-2)所描述的偶然设计状况的作用参照了正常使用状况。它们用各种荷载模型表示,以等效静荷载的形式规定设计值。

(3)公路桥、人行桥和铁路桥在偶然设计状况下由车辆所产生的作用见 [AC1) 4.7.2、5.6.2 和 6.7.2 (AC1]。

(4)在适当情况下应规定由小船、轮船或飞机对道路桥、人行桥和铁路桥(例如跨运河或通航水域的桥)产生的碰撞力。

注:国家附件可规定碰撞力。EN 1991-1-7 给出了小船和轮船撞击力的建议值。可根据具体项目规定附加要求。

(5)4.7.3 和 5.6.3 分别规定了偶然设计状况下道路车辆对公路桥和人行桥的作用。

(6)6.7 规定了由列车或铁路基础设施引起的偶然设计状况的作用。视情况适用于公路桥、人行桥和铁路桥。

3 设计状况

(1)P 应考虑选定的设计状况,并辨识关键的荷载工况。对各关键荷载工况,应确定组合中作用效应的设计值。

注:对于有车辆限载标志的桥梁,必须考虑一辆超重车违反警告通过桥梁时的偶然设计状况。

(2)后续章节将给出在使用荷载组合成分时要同时计入的各种交通荷载,相关的各种交通荷载在设计计算时都应考虑到。

(3)P 由采用的计算(类型)决定的(荷载)组合规则应与 EN 1990 相一致。

注:桥梁的地震组合和相关规定见 EN 1998-2。

(4)EN 1990 附录 A2 针对公路桥、人行桥和铁路桥,给出了同时作用的其他作用的具体规定。

(5)对于公铁两用桥梁,应规定会同时出现的作用及要求进行的特殊验算。

注:国家附件或具体项目可给出特殊规定。

4 道路桥梁上的交通作用和其他作用

4.1 适用范围

(1)本章规定的荷载模型适用于加载长度小于200m的道路桥梁设计。

注1:校准荷载模型1(见4.3.2)所考虑的最大加载长度为200m。一般来说,对于加载长度超过200m的情况,使用荷载模型1是偏安全的。

注2:国家附件或具体项目可规定加载长度超过200m的荷载模型。

(2)模型及相应规定旨在涵盖设计应考虑的全部正常可预见的交通状况(即对于道路交通,任意车道均考虑双向交通),但不包含(3)以及4.2.1的注。

注1:国家附件或具体项目可为配备有适当措施,包括有严格限制任何车辆载重的标志的桥梁(例如,对于地方、农用或私有道路)规定特殊模型。

注2:分别规定了针对桥台和与邻近桥梁墙体的荷载模型(见4.9)。上述模型由道路交通模型导出,未经过任何动力效应修正。对于刚架桥,路堤上的荷载亦可能会引起桥梁结构上的作用效应。

(3)荷载模型不包含道路施工现场的荷载效应(例如由铲土机、运土车等引起的荷载)以及专门用于检测和试验的荷载,这些荷载必要时应另行规定。

4.2 作用代表值

4.2.1 道路交通荷载模型

(1)道路交通[包括小汽车、货车和特种车辆(例如工业运输车辆)]荷载会产生竖向力和水平力、静力和动力。

注1:本章定义的荷载模型并非是对真实荷载的描述。这些模型已经过挑选和校准,以使其效应(有动力放大系数的会标明)代表欧洲国家2000年的实际交通效应。

注2:当需要考虑本章所规定的荷载模型范围以外的交通情况时,国家附件可规定补充荷载模型和相关的组合规则。

注3:模型(除疲劳外)中包括的动力放大系数,尽管是根据中等路面质量(见附录B)和气动车辆悬梁建立的,仍需由各种参数和所要考虑的作用效应来确定。因此,动力放大系数不能用单一系数表示。在某些不利工况下,它可达到1.7(局部效应),而在路面质量更差或有共振风险时,甚至可能达到更不利的数值。这些情况可以通过采用适当的(桥梁结构)质量和设计措施避免。所以,针对特殊计算[见4.6.1(6)]或具体项目应考虑额外的动力放大系数。

(2)在桥梁设计中,当必须考虑不遵守国家标准中关于载重限制或尺寸限制的车辆,或者军用车辆时,应作专门规定。

注:国家附件可规定此类模型。附录A给出了特殊车辆的标准模型及其应用指南,见4.3.4。

4.2.2 荷载等级

(1)道路桥梁上的实际荷载由各类车辆和行人产生。

(2)不同桥梁之间的交通荷载可能不同,取决于车辆交通组成(例如:货车的比例)、密度(例如:年平均车流量)、状态(例如:堵车频率)、车辆的极端重量及其轴重,且受道路限载标志的影响。

这些差异可通过使用适合于桥位处的荷载模型予以考虑(例如,荷载模型1和荷载模型2修正系数 α 和 β 的选择,分别在4.3.2和4.3.3中作了规定)。

4.2.3 行车道划分为名义车道

(1)行车道宽度 w,应从路缘石之间或车辆防护系统的内界之间测量,并且不应包括固定车辆防护系统、中间带的路缘石以及车辆防护系统的宽度。

注:国家附件可规定考虑的路缘石的最低高度,最低高度建议值为100mm。

(2)表4.1规定了行车道上名义车道的宽度 w_1 和该行车道上可能(布置)的最大总车道数 n_1(整数)。

表4.1 名义车道的数量和宽度

行车道宽度 w	名义车道数	名义车道宽度 w_1	剩余区域宽度
$w<5.4\text{m}$	$n_1=1$	3m	$w-3\text{m}$
$5.4\text{m}\leq w<6\text{m}$	$n_1=2$	$\frac{w}{2}$	0
$6\text{m}\leq w$	$n_1=\text{Int}\left(\frac{w}{3}\right)$	3m	$w-3\times n_1$
注:例如,对于宽度为11m的道路,$n_1=\text{Int}(w/3)=3$,剩余区域的宽度为 $11-3\times3=2\text{m}$。			

(3)对于宽度变化的道路,名义车道数量的确定原则应与表4.1的规定一致。

注:例如,名义车道的数量为:

—1 当 $w<5.4\text{m}$ 时;

—2　当 $5.4\text{m} \leqslant w < 9\text{m}$ 时；

—3　当 $9\text{m} \leqslant w < 12\text{m}$ 时，等。

(4)当桥跨结构上的行车道被中间带划分为两部分时，则：

(a)当被永久道路防护系统分割时，各部分，包括全部硬路肩或硬路缘带，应分别划分为名义车道。

(b)当被临时道路防护系统分割时，全部行车道，包括中间带，应划分成名义车道。

注：可针对具体工程调整4.2.3(4)中的规定，允许将来调整桥面上的车道，例如用于维修。

4.2.4　车道位置和编号设计

车道位置和编号应按下列规定确定：

(1)名义车道的位置不必与其编号相关。

(2)对于各独立验算(例如：对于承载能力极限状态下某一截面抗弯承载力的验算)，应考虑加载时的车道数及其在行车道上的位置和编号，以使荷载模型的效应最不利。

(3)对于疲劳代表值和模型，车道位置和编号的选择应依据正常使用所期望的交通状态。

(4)产生最不利效应的车道记为1号车道，不利效应次之的车道记为2号车道等(图4.1)。

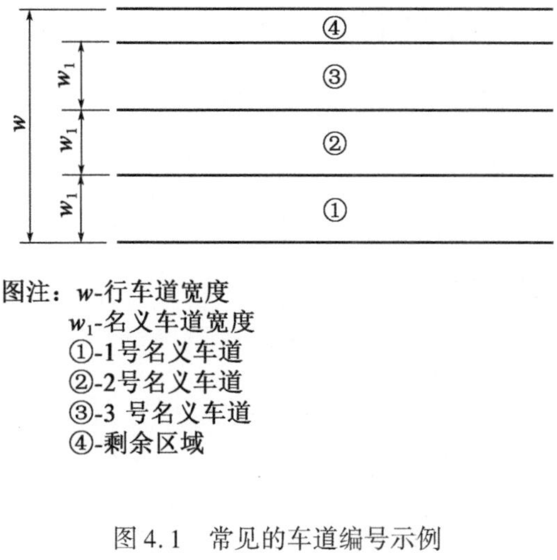

图注： *w*-行车道宽度
w_1-名义车道宽度
①-1号名义车道
②-2号名义车道
③-3 号名义车道
④-剩余区域

图4.1　常见的车道编号示例

(5)当同一桥跨结构上的行车道由两个分离部分组成时，整个行车道应仅使用一种编号。

注：[AC₁]因此，即使将行车道划分为两个分离部分，也仅有一个1号车道，可以在这两部分上交替考虑[/AC₁]。

(6)当行车道由在两个独立桥跨结构上的两个分离部分组成时,每部分应看作一个行车道。每个桥跨结构在设计时应使用独立编号。如果两个桥跨结构支承在相同桥墩和/或桥台上,对于桥墩和/或桥台的设计,两部分应联合采用同一编号方式。

4.2.5 荷载模型在单车道上的应用

(1)对于各独立验算,在各名义车道上的荷载模型应施加一定长度,使其纵向布置达到最不利效应,直至符合下面各特定模型的应用条件。

(2)在剩余区域上,相关荷载模型应施加于可产生最不利效应的长度和宽度(范围),直至符合4.3规定的特殊条件。

(3)相关时,各种荷载模型应与人群或自行车荷载模型相组合(见4.5)。

4.3 竖向荷载——标准值

4.3.1 一般规定及相关的设计状况

(1)标准荷载用于确定与承载力极限状态验算和特定正常使用状态验算(见EN 1990至EN 1999)相关的道路交通荷载效应。

(2)用于竖向荷载的荷载模型代表以下交通荷载效应:

a)荷载模型1(LM1):集中荷载和均布荷载,涵盖大多数货车和小汽车的交通荷载效应。本模型可用于整体和局部验算。

b)荷载模型2(LM2):施加于特定轮胎接触面的单轴荷载,包括作用于较短结构构件的正常交通的动力效应。

注1:由于可达到另一个数量级,LM2在加载长度达到3~7m时可占主导地位。

注2:国家附件可对LM2的应用作进一步规定。

c)荷载模型3(LM3):代表经许可在道路上行驶的具有异常荷载的特殊车辆(例如:用于工业运输)的轴载组合,用于整体和局部验算。

d)荷载模型4(LM4):人群荷载,仅用于整体验算。

注:如荷载模型1未涵盖人群荷载的影响,则该人群荷载适用于位于城镇或城镇附近的桥梁。

(3)当相关时,任何类型的设计状况(例如:维修施工中的短暂状况)都应考虑荷载模型1、2、3。

(4)荷载模型4仅用于某些短暂设计状况。

4.3.2 荷载模型 1

(1)荷载模型 1 包含两个子系统:

(a)双轴集中荷载(串联系统:TS),各轴的重量如下:

$$\alpha_Q Q_k \quad (4.1)$$

式中:α_Q——调整系数。

—每个名义车道计入的串联系统不超过一个。

—仅计入完整的串联系统。

—评估整体效应时,假定每个串联系统沿名义车道轴线中心行驶[见下文(5)局部验算和图 4.2b]。

—串联系统的每个轴应考虑两个相同的车轮,因此每个车轮的荷载等于 $0.5\alpha_Q Q_k$。

—每个轮胎的接地面积为边长 0.40m 的正方形(图 4.2b)。

(b)均布荷载(UDL 系统)在每平方米的名义车道上的重量如下:

$$\alpha_q q_k \quad (4.2)$$

式中:α_q——调整系数。

均布荷载仅应用于影响面的纵向以及横向的不利部分。

注:LM1 用于涵盖高比例重型货车下的流动、拥挤或堵塞状况。通常,当采用基本值时,它涵盖了附录 A 中规定的 600kN 特殊车辆的效应。

(2)荷载模型 1 应施加于各名义车道和剩余区域。在第 i 号名义车道上,荷载大小为 $\alpha_{Qi}Q_{ik}$ 和 $\alpha_{qi}q_{ik}$(表 4.2)。在剩余区域,荷载大小为 $\alpha_{qr}q_{rk}$。

(3)调整系数 α_{Qi}、α_{qi} 和 α_{qr} 取值的选择应取决于期望的交通和可能的道路等级。在规范没有具体规定时这些系数值应取 1。

注 1:国家附件可给出 α_{Qi}、α_{qi} 和 α_{qr} 的取值。在所有情况下,对于没有车辆载重限制标志的桥梁,建议的最小值如下:

$$\alpha_{Q1} \geq 0.8 \quad (4.3)$$

并且,当 $i \geq 2$ 时,$\alpha_{qi} \geq 1$;本限制不适用于 α_{qr}。 (4.4)

注 2:在国家附件中,系数 α 的取值可以与交通等级相关。当 α 的取值等于 1 时,它们与期望的国际重工业交通相关,代表在总体交通中重载车辆占很大一部分。对于更加普遍的交通组成(公路或高速公路),车道 1 上施加的串联系统和均布荷载可乘以一个中等的折减系数 α(10% ~20%)。

(4)Q_{ik}和q_{ik}的标准值,包括动力放大系数,应从表4.2中取值。

表4.2　荷载模型1:标准值

位　　置	串联系统 TS	UDL 系统
	轴载 Q_{ik}(kN)	[AC1] q_{ik}(或 q_{rk})(kN/m²) [/AC1]
1号车道	300	9
2号车道	200	2.5
3号车道	100	2.5
其他车道	0	2.5
剩余区域(q_{rk})	0	2.5

荷载模型1具体如图4.2a所示。

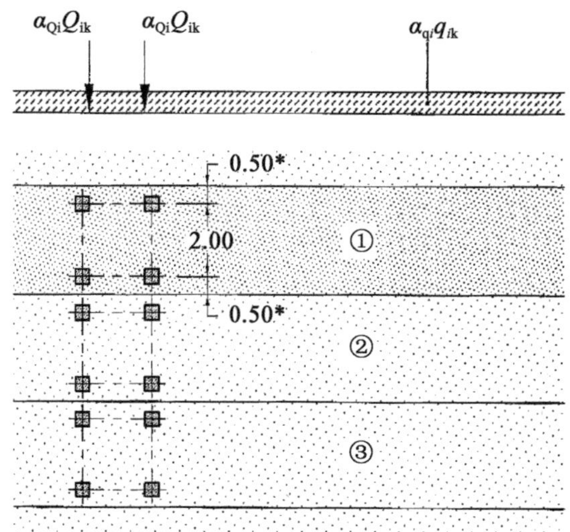

图注:①-1号车道:Q_{1k}=300kN;q_{1k}=9kN/m²
②-2号车道:Q_{2k}=200kN;q_{2k}=2.5kN/m²
③-3号车道:Q_{3k}=100kN;q_{3k}=2.5kN/m²
[AC1]串联系统轴距:1.2m [/AC1]
*-针对w_1=3.00m

图4.2a　荷载模型1的应用

注:对于本模型,4.2.4-(2)和4.3.2-(1)~(4)的应用实际上包括决定编号车道的位置和串联系统的位置(大多数情况下在同一截面)。UDL加载的长度和宽度为影响面相关不利部分的长度和宽度。

(5)局部验算时,将串联系统应施加于最不利位置。当考虑相邻车道施加两个串联系统时,它们应该挨近布置,但轮距不小于0.5m(图4.2b)。

(6)当整体效应和局部效应能分开计算时,整体效应可用以下简化的替代方法计算:

注:国家附件可能规定这些替代方法的使用条件。

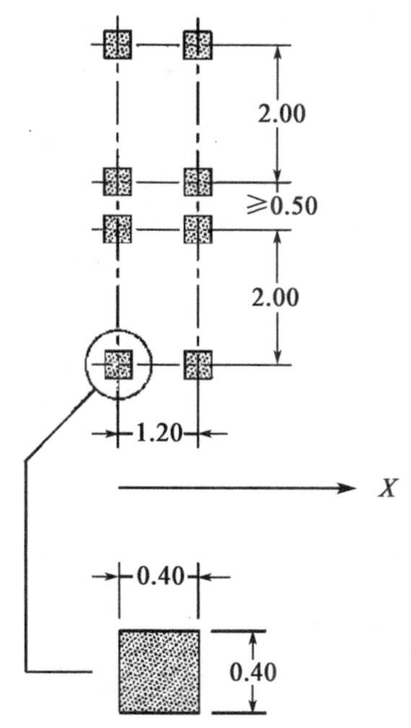

图 4.2b　局部验算时串联系统的应用

a)第二和第三串联系统由第二串联系统替代,其轴载等于:

$$(200\alpha_{Q2}+100\alpha_{Q3})\,\mathrm{kN} \tag{4.5}$$

b)当跨径大于 10m 时,各车道上的各串联系统由一个大小等于双轴总重的单轴集中荷载替代。

注:在这种情况下,单轴载重为:

—$600\alpha_{Q1}$kN, 1 号车道

—$400\alpha_{Q2}$kN, 2 号车道

—$200\alpha_{Q3}$kN, 3 号车道

4.3.3　荷载模型 2

(1)荷载模型 2 包含一个单轴荷载 $\beta_Q Q_{ak}$, 其中 Q_{ak} 等于 400kN(包括动力放大系数),应施加在行车道的任意位置。然而对相关情况,可仅考虑一个 $200\beta_Q$(kN)的车轮。

(2)β_Q 应按规定取值。

注:国家附件可给出 β_Q 的取值。建议 $\beta_Q=\alpha_{Q1}$。

(3)在伸缩缝附近时,应采用额外的动力放大系数,取值见 4.6.1(6)。

(4)每个轮胎的接地面应按边长分别为 0.35m、0.6m 的矩形考虑(图 4.3)。

注 1:荷载模型 1 和 2 的接地面积不同,对应不同的轮胎类型、布置和压力分布。对应于双轮胎的荷载模型 2 的接地面积,通常与正交异性桥面板相关。

注2:为简单起见,国家附件中对荷载模型1和2的轮胎可采用相同的方形接地面积。

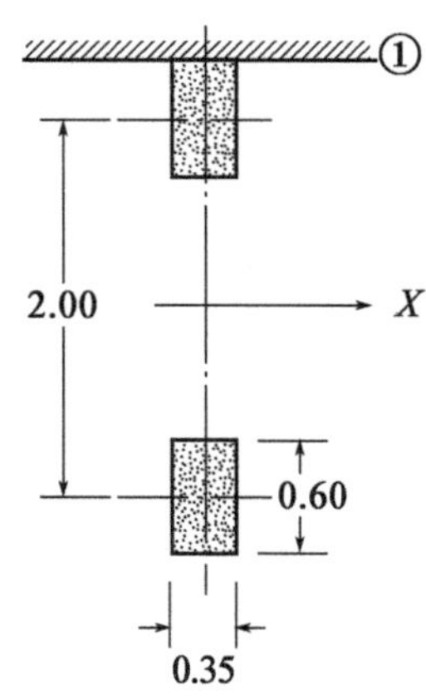

图注:X-桥梁纵向轴线

①-路缘石

图4.3 荷载模型2

4.3.4 荷载模型3(特殊车辆)

(1)在相关情况下应规定并考虑特殊车辆模型。

注:国家附件可规定荷载模型3及其使用条件。附录A给出了标准模型及其适用条件的指南。

4.3.5 荷载模型4(人群荷载)

(1)如相关,人群荷载应使用一个包含5kN/m^{2}的均布荷载(包括动力放大系数)的荷载模型来表示。

注:具体项目可规定LM4的应用。

(2)荷载模型4应施加于桥面板的相关长度和宽度部分,必要时应包括中间带。在用于整体验算时,该荷载系统应仅与短暂设计状况相关。

4.3.6 集中荷载的分布

(1)在局部验算时,与荷载模型1和2相关的各种集中荷载应在全部接地面积内均匀分布。

(2)在通过铺装层和混凝土桥面板扩散时应按宽度-深度比取值,即水平方向宽度与竖直方向至桥面板中心深度之比为1:1(图4.4)。

注:通过回填土或地面扩散的情况见4.9.1的注。

(3)在通过铺装层和正交异性桥面板扩散时应按宽度-深度比取值,即水平方向宽度与竖直方向至板中心深度之比为1:1(图4.5)。

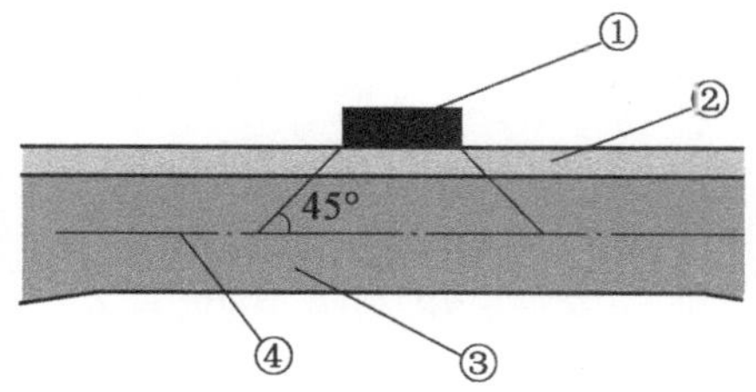

图注：①-车轮接触压力
②-铺装层
③-混凝土桥面板
④-混凝土桥面板的中心面

图 4.4 集中荷载在铺装层和混凝土桥面板中的扩散

注:此处不考虑荷载在正交异性桥面板肋板间的横向分布。

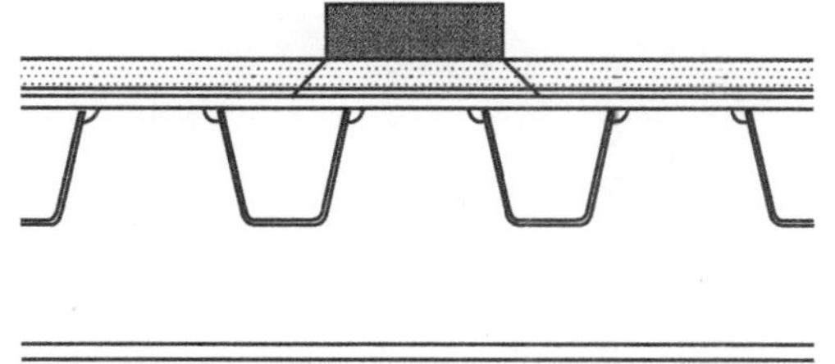

图 4.5 集中荷载在铺装层和正交异性桥面板中的扩散

4.4 水平力——标准值

4.4.1 制动力与加速力

(1) P 制动力 Q_{lk},应视为一个作用在行车道表面的纵向力。

(2) Q_{lk}的标准值(桥梁全宽的上限值为 900kN)应根据可能作用于 1 号车道的荷载模型 1 所产生的最大竖向荷载的一部分计算,如下:

$$Q_{lk} = 0.6\alpha_{Q1}(2Q_{1k}) + 0.10\alpha_{q1}q_{1k}w_1L \tag{4.6}$$

$$180\alpha_{Q1}(\text{kN}) \leqslant Q_{lk} \leqslant 900\ (\text{kN})$$

式中:L——桥跨结构全长或部分长度。

注 1:例如:对于一个 3m 宽的车道,当加载长度 $L > 1.2$m 时,如果系数 α 取 1,则 $Q_{lk} = 360 + 2.7L$ ($\leqslant$900kN)。

注 2:国家附件可调整上限值(900kN)。900kN 取值通常涵盖 STANAG[6] 中军用车辆的最大制动力。

(3)应适当规定由荷载模型 3 产生的水平力。

注:国家附件可规定与荷载模型 3 相关的水平力。

[6] STANAG: Military STANdardization AGreements (STANAG 2021)

(4)任意车道沿着轴线布载时都应考虑该力。但是当偏心效应不显著时,可仅沿行车道轴线施加该力并且在加载长度内均匀分布。

(5)加速力的大小应与制动力相同,但是方向相反。

注:实际中,Q_{lk}既可以取正值也可以取负值。

(6)应规定通过伸缩缝传递的水平力或施加于仅能加载一根轴的结构构件上的水平力。

注:国家附件中可规定 Q_{lk}的取值。建议值为:

$$Q_{lk} = 0.6\alpha_{Q1}Q_{1k} \quad (4.6a)$$

4.4.2 离心力与其他横向力

(1)离心力 Q_{tk}应视为一个作用在修整的行车道表面且沿车道轴线作用的横向力。

(2)包括动力效应的离心力标准值 Q_{tk},应从表 4.3 中取值。

表 4.3 离心力的标准值

$Q_{tk} = 0.2Q_v$(kN)	若 $r < 200$m
$Q_{tk} = 40Q_v/r$(kN)	若 200m≤ r≤1500m
$Q_{tk} = 0$	若 r >1500m

表中:r——行车道中心线水平方向的半径[m];

Q_v——串联系统 LM1 的竖向集中荷载的最大总重,即$\sum_i \alpha_{Qi}(2Q_{ik})$(见表 4.2)。

(3)Q_{tk}应假设为作用于任意桥跨结构截面的一个点荷载。

(4)在相关情况下,应考虑斜向制动或侧滑所产生的横向力。横向制动力 Q_{trk}等于纵向制动力或加速力 Q_{lk}的 25%,应与 Q_{lk}同时作用于修整的行车道表面。

注:国家附件中可规定最小横向力。在大多数情况下,由风效应及路缘石碰撞所产生的合力可(为设计验算)提供足够的横向力。

4.5 道路桥梁上的交通荷载组

4.5.1 多成分作用的标准值

(1)可同时作用的荷载系统规定见 4.3.2(荷载模型 1)、4.3.3(荷载模型 2)、4.3.4(荷载模型3)、4.3.5(荷载模型5)、4.4(水平荷载)和第5 章中针对人行桥规定的荷载,应按表 4.4a 规定的荷载组计入。这些荷载组是互不包含的,应视作为与非交通荷载进行组合而规定的标准作用。

AC1

表 4.4a　交通荷载组评价(多成分作用的标准值)

		行车道						人行道和自行车道
荷载类型		竖向力				水平力		仅竖向力
参考		4.3.2	4.3.3	4.3.4	4.3.5	4.4.1	4.4.2	5.3.2-(1)
荷载系统		LM1(TS 和 UDL 系统)	LM2(单轴)	LM3(特殊车辆)	LM4(人群荷载)	制动力和加速力[a]	离心力和横向力[a]	均布荷载
荷载组	gr1a	标准值						组合值[b]
	gr1b		标准值					
	gr2	频遇值				标准值	标准值	
	gr3[d]							标准值[c]
	gr4				标准值			标准值
	gr5	见附录 A		标准值				
(灰色)		主要作用成分(与荷载组相关设计成分)						

[a] 可在国家附件中规定(对上述案例)。

[b] 可在国家附件中规定。建议取值为 3kN/m^2。

[c] 见 5.3.2.1-(2)。如果单人行道加载的效应比双人行道加载的效应更不利,则应仅考虑单人行道。

[d] 采用 gr4 时,不考虑本荷载组合。

AC1

4.5.2 多成分作用的其他代表值

(1)频遇作用仅包含LM1的频遇值或LM2的频遇值,或作用在人行道或自行车道上荷载的频遇值(取较不利值),不含其他任何伴随成分,如表4.4b所示。

注1:对于独立的交通荷载成分,代表值由EN 1990附录A2规定。

注2:准永久值(一般等于0)见EN 1990附录A2。

注3:当国家附件涉及可变作用的罕遇值,可采用与4.5.1相同的规则,通过将表4.4中所有的标准值替换为EN 1990附录A2中规定的罕遇值,而不修改表中其他值。但是罕遇荷载组gr2实际上与道路桥梁不相关。

表4.4b　交通荷载组评价(多成分作用的频遇值)

		行车道		人行道和自行车道
荷载类型		竖向力		
参考		4.3.2	4.3.3	5.3.2(1)
荷载系统		LM1(TS和UDL系统)	LM2(单轴)	均布荷载
荷载组	gr1a	频遇值		
	gr1b		频遇值	
	gr3			频遇值[a]

[a]如果单人行道加载的效应比双人行道加载的效应更不利,则应仅考虑单人行道。

4.5.3 短暂设计状况的荷载组合

(1)4.5.1和4.5.2给出的规则按4.5.3(2)修正后方可应用。

(2)对于短暂设计状况的验算,与串联系统相关的标准值应等于$0.8\alpha_{Qi}Q_{ik}$;对于持久设计状况规定的其他全部的标准值、频遇值和准永久值以及水平力无须修正(即它们不按串联系统的重量成比例减小)。

注:因道路或桥梁维护而导致的短暂设计状况下,交通荷载一般集中在较小区域且不会显著降低,而且经常发生长时间持续的交通堵塞。但通过适当措施使重型货车改道后,可取得更大的折减。

4.6 疲劳荷载模型

4.6.1 一般规定

(1)桥梁上行驶的车辆产生的应力谱可能会导致疲劳。应力谱的大小取决于车辆的几何尺寸、轴载、车辆间距、交通组成及其动力效应。

(2)4.6.2~4.6.6 给出了 5 种竖向力的疲劳荷载模型。

注 1:针对具体项目,水平力可能必须与竖向力同时考虑,例如:离心力有时需要与竖向力同时考虑。

注 2:EN 1992 至 EN 1999 中规定了各种疲劳荷载模型的应用,更多信息如下:

a)疲劳荷载模型 1、2、3 用于确定在桥梁上由这些模型可能的荷载分布所产生的最大和最小应力;在多数情况下,EN 1992 至 EN 1999 中仅使用这些应力的代数差。

b)疲劳荷载模型 4 和 5 用于确定货车通过桥梁时所产生的应力幅谱值。

c)疲劳荷载模型 1 和 2 用于确定一个恒定的应力幅疲劳极限时,检验其疲劳寿命是否可以为无限。因此,它们适用于钢结构,而对于其他材料可能不适用。疲劳荷载模型 1 总体上偏保守,并自动涵盖多车道效应。当疲劳验算中可以忽略几辆货车同时出现在桥上的情况时,疲劳荷载模型 2 比疲劳荷载模型 1 更精确。如果情况并非如此,只有在其他数据支持时才可使用。国家附件可给出疲劳荷载模型 1 和 2 的使用条件。

d)通过参照 EN 1992 至 EN 1999 中规定的疲劳强度曲线使用疲劳荷载模型 3、4 和 5 进行疲劳寿命评估。它们不适用于检验疲劳寿命是否可为无限。因此,它们不能与疲劳荷载模型 1 和 2 进行数值比较。疲劳荷载模型 3 也可采用简化方法直接验算设计,其中年交通量和桥梁某些尺寸的影响用一个与材料相关的调整系数 λ_e 考虑。

e)对于很多桥梁,在多辆货车同时出现的交通状况可忽略时,疲劳荷载模型 4 比疲劳荷载模型 3 更精确。如果情况并非如此,只有在其他数据支持、国家附件有规定或定义的情况下方可使用。

f)疲劳荷载模型 5 是最普遍的模型,使用的是实际交通数据。

注 3:疲劳荷载模型 1~3 给出的荷载适用于欧洲主要道路或高速公路上的典型重载交通(表 4.5 所规定的 1 号交通类型)。

注 4:在考虑其他交通种类时,可根据具体项目或国家附件修正疲劳荷载模型 1 和 2 的取值。在这种情况下,两种模型的修正应成比例。对于疲劳荷载模型 3,修正取决于验算流程。

(3)应规定桥梁上的交通分类,以便至少通过以下方式进行疲劳验算:

—慢车道的数量;

—每年每慢车道(即主要由货车使用的交通车道)观察或估计的重型车辆(最大总重量大于 100kN)的数量 N_{obs}。

注 1:国家附件可规定交通分类和取值。当使用疲劳荷载模型 3 和 4 时,表 4.5 给出了慢车道的 N_{obs} 的参考值。在各快车道上(即主要由小汽车使用的交通车道),可额外计入 10% 的 N_{obs}。

表 4.5(n)　每年每慢车道期望的重型车辆数量参考值

交 通 类 型		每年每慢车道的 N_{obs}
1	每个方向有两条或两条以上车道货车流量高的道路和高速公路	2.0×10^6
2	货车流量中等的道路和高速公路	0.5×10^6
3	货车流量低的主要道路	0.125×10^6
4	货车流量低的地方道路	0.05×10^6

注2:表4.5不足以给出针对疲劳验算的交通特征,需要考虑其他参数,例如:

—取决于“交通类型”的车辆类型百分比(见表4.7);

—定义每种类型车辆或车轴重量分布的参数。

注3:用于疲劳验算的交通类型与4.2.2和4.3.2中规定的荷载等级及其相关系数 α 一般没有关系。

注4:不排除使用 N_{obs} 的中值,但它不太可能对疲劳寿命产生显著的影响。

(4)对于整体作用效应(例如:主梁中)评估,所有疲劳荷载模型都应施加于名义车道中心,与4.2.4(2)和(3)给定的原则和规定一致。设计中应识别慢车道。

(5)对于局部作用效应(例如:板中)的评估,模型可施加在位于行车道任意位置的名义车道中心。但是,当疲劳模型3、4和5中车辆横向位置对于所研究的效应起显著作用时(例如:对正交异性桥面板),则应根据图4.6考虑横向位置的统计分布。

(6)疲劳荷载模型1~4考虑荷载动力放大效应,适用于路况良好的情况(见附录B)。在伸缩缝附近时应考虑附加放大系数 $\Delta\varphi_{fat}$,并应用于全部荷载:

$$\Delta\varphi_{fat}=1.30\left(1-\frac{D}{26}\right);\Delta\varphi_{fat}\geqslant1 \tag{4.7}$$

式中:D——所考虑的横截面到伸缩缝的距离[m],见图4.7。

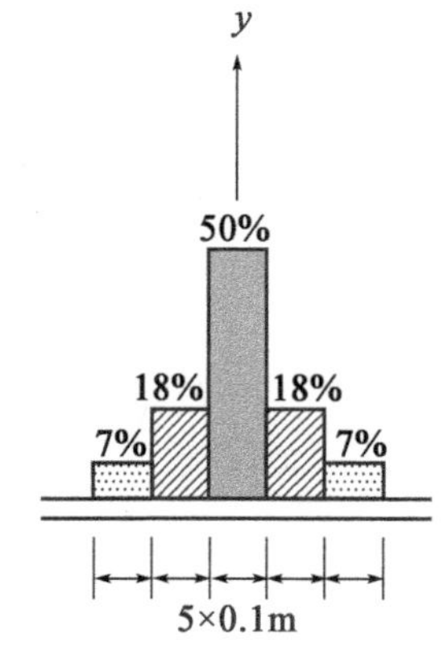

图4.6　车辆中心线横向位置的频率分布

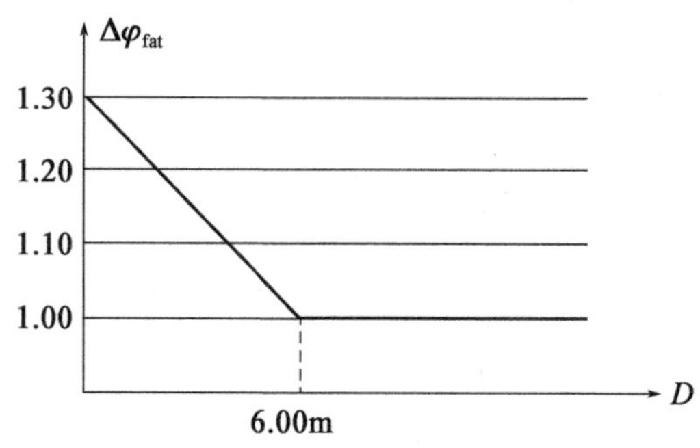

图注:$\Delta\varphi_{fat}$-附加放大系数
D-所考虑的横截面到伸缩缝的距离

图4.7　附加放大系数示意

注:对于距离伸缩缝在6m内的任意截面,采用 $\Delta\varphi_{fat}=1.3$ 通常是保守、可接受的简化方法。国家附件中可修正动力附加系数,建议采用式(4.7)。

4.6.2 疲劳荷载模型1(类似于LM1)

(1)疲劳荷载模型1具有4.3.2中规定的标准荷载模型1的结构,其中轴载值等于 $0.7Q_{ik}$,均布荷载值等于 $0.3q_{ik}$ 和(除非有其他规定) $0.3q_{rk}$。

注:疲劳荷载模型1的荷载值与频遇荷载模型规定的类似。但是,与其他模型相比,采用频遇荷载模型而不修正会过于保守,特别是对于较大的加载区域。对于具体项目,可忽略 q_{rk}。

(2)最大和最小应力($\sigma_{FLM,max}$ 和 $\sigma_{FLM,min}$)应通过模型在桥梁上合理的荷载布置来确定。

4.6.3 疲劳荷载模型2("频遇"货车组)

(1)疲劳荷载模型2由一组理想化的货车组成,称为"频遇"货车,按(3)中的规定使用。

(2)各"频遇货车"规定如下:

—轴数和轴距(表4.6中第1、2列);

—各轴的轴载频遇值(表4.6中第3列);

—车轮着地面积和车轮的横向距离(表4.6中第4列和表4.8)。

表4.6 "频遇"货车组

1	2	3	4
货车轮廓	轴距[m]	轴载频遇值[kN]	车轮类型 (见表4.8)
	4.5	90 190	A B
	4.20 1.30	80 140 140	A B B
	3.20 5.20 1.30 1.30	90 180 120 120 120	A B C C C

表 4.6(续)

1	2	3	4
货车轮廓	轴距[m]	轴载频遇值[kN]	车轮类型 (见表 4.8)
	3.40 6.00 1.80	90 190 140 140	A B B B
	4.80 3.60 4.40 1.30	90 180 120 110 110	A B C C C

(3)最大和最小应力应通过分别考虑不同货车沿适当车道单独通过的最不利效应来确定。

注:当其中某些货车明显起决定作用时,其他的可以不考虑。

4.6.4 疲劳荷载模型 3(单车模型)

(1)本模型由 4 个轴构成,每个轴有两个相同的车轮,几何尺寸如图 4.8 所示。各轴的轴载为 120kN,每个轮胎的接地面为边长 0.40m 的正方形。

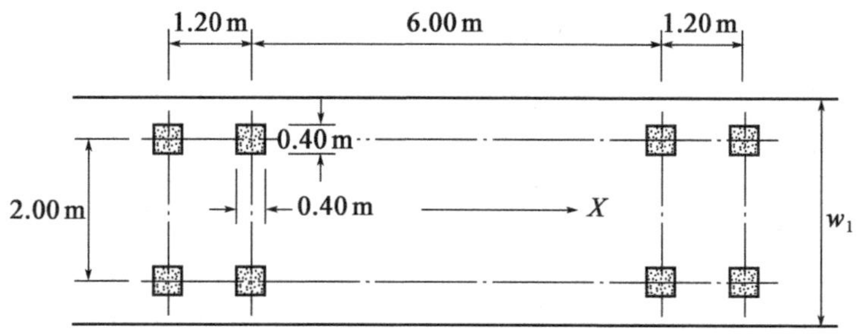

图注: w_1-车道宽度
X-桥梁纵轴

图 4.8 疲劳荷载模型 3

(2)应计算模型通过桥梁时产生的每个应力波动周期的最大和最小应力及应力幅,即它们的代数差。

(3)在相关情况下,应考虑同一车道有两辆车行驶。

注:国家附件或具体项目可规定本条款的适用条件。后续可能给出的建议条件有:

—上述(1)中规定的一辆车;

—第二辆车的几何尺寸同上述(1)规定,各轴轴载等于 36kN(代替 120kN);

—两辆车之间的距离(从一辆车的中心到另一辆车中心)不小于 40m。

4.6.5 疲劳荷载模型4("标准"货车组)

(1)疲劳荷载模型4由一组标准货车组成,这一货车组共同产生的效应等效于欧洲道路上的典型交通,应考虑表4.7、表4.8所规定的适合预测所在道路混合交通的一组货车。

表4.7 等效货车组

车辆类型			交通类型			
1	2	3	4	5	6	7
			长距离	中等距离	局部交通	
货车	轴距(m)	等效轴载(kN)	货车比例	货车比例	货车比例	车轮类型
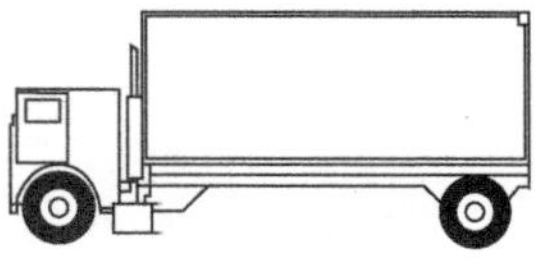	4.5	70 130	20.0	40.0	80.0	A B
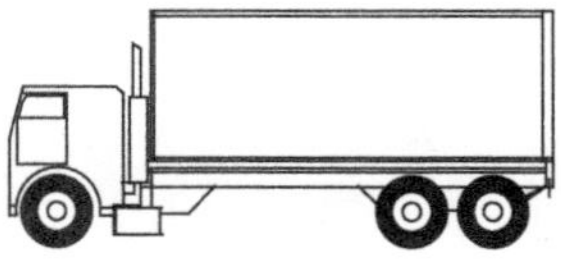	4.20 1.30	70 120 120	5.0	10.0	5.0	A B B
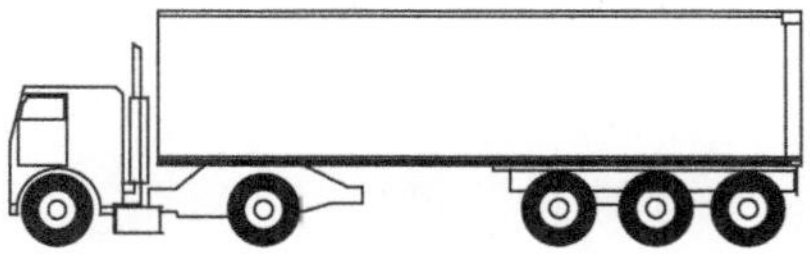	3.20 5.20 1.30 1.30	70 150 90 90 90	50.0	30.0	5.0	A B C C C
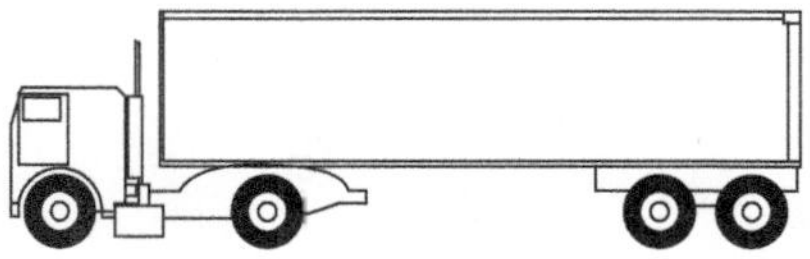	3.40 6.00 1.80	70 140 90 90	15.0	15.0	5.0	A B B B
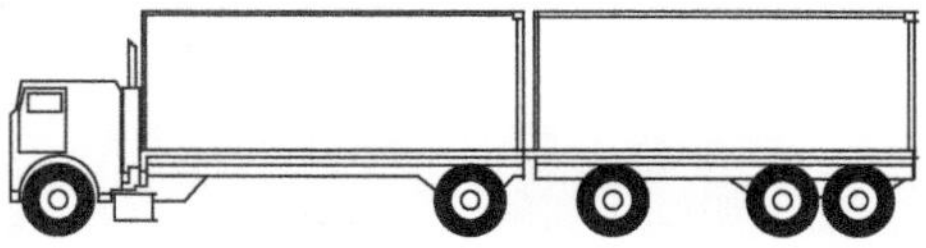	4.80 3.60 4.40 1.30	70 130 90 80 80	10.0	5.0	5.0	A B C C C

注1:该模型以5辆标准货车为基础,模拟产生的疲劳损伤等效于表4.5规定的相应类型的实际交通。

注2:具体项目和国家附件中可规定其他标准货车和货车比例。

注3:对于交通类型的选择,可以普遍认为:

—“长距离”表示几百公里;

—“中等距离”表示50~100km;

—“局部交通”表示距离小于50km;

—在实际中,可能出现几种混合类型的交通。

表4.8　车轮和车轴的规定

车轮/车轴类型	几何规定
A	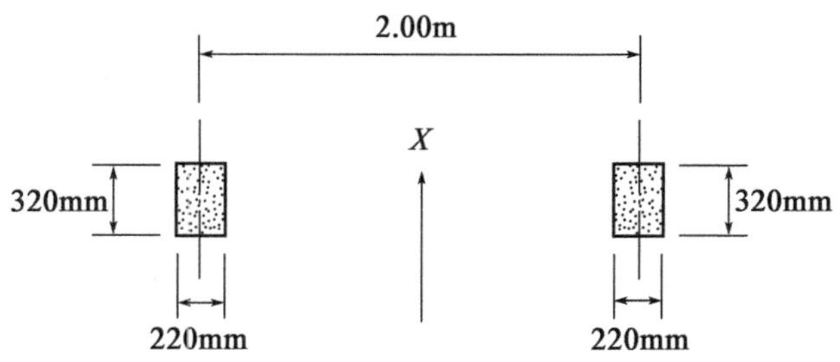
B	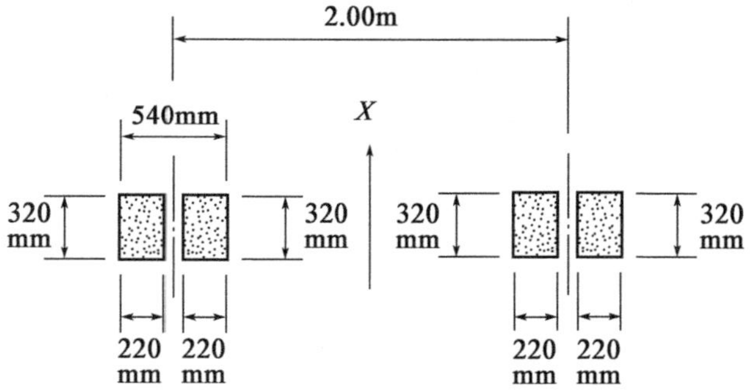
C	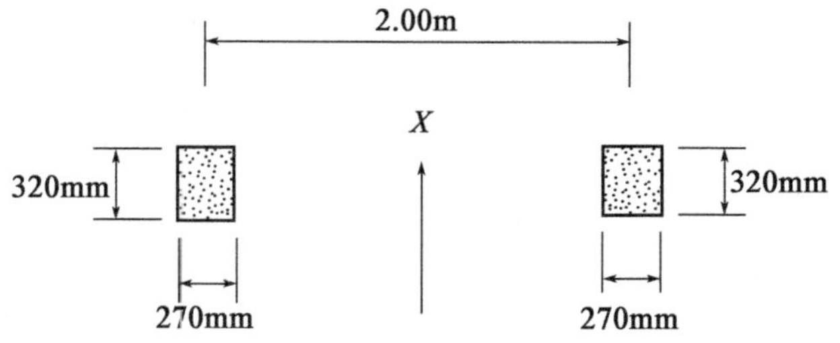

(2)对各标准货车的规定:

—轴数和轴距(表4.7的列1+2);

—各轴的等效荷载(表4.7的列3);

—车轮接地面积和车轮的横向距离,与表4.7的第7列和表4.8一致。

(3)计算应基于以下步骤:

—交通流中各标准货车的比例应从表4.7的第4、5或6列中对应选择;

—应规定所考虑的整个行车道每年的车辆总数$\sum N_{obs}$;

注:表4.5给出了建议值。

—认为各标准货车通过桥梁时无任何其他车辆。

(4)桥梁上个别货车通过时,应力幅谱及相应的应力波动周期数应采用雨流法或蓄水池计数法。

注:验算规定见EN 1992~EN 1999。

4.6.6 疲劳荷载模型5(基于道路交通数据记录)

(1)疲劳荷载模型5直接应用记录的交通数据,如有必要,还可通过适当的统计和预测推断加以补充。

注:本模型的使用见国家附件。附录B给出了完整的规定及该模型的应用指南。

4.7 偶然设计状况的作用

4.7.1 一般规定

(1) P 必要时,应考虑道路车辆在偶然设计状况中产生的荷载:

—车辆对桥墩、梁底面或上部结构的碰撞;

—人行道上出现重型车轮或车辆(对所有道路桥梁,当人行道没有有效的刚性道路防护系统保护时,须考虑重型车轮或车辆对人行道的影响);

—车辆对路缘石、车辆护墙和结构构件的碰撞(如在桥上设有道路防护系统,则所有道路桥梁均须考虑车辆对车辆护墙及安全屏障的碰撞效应;在任何情况下均应考虑车辆对路缘石的碰撞效应)。

4.7.2 桥下车辆的碰撞力

注:见5.6.2和6.7.2以及EN 1990附录A2。

4.7.2.1 桥墩及其他支承构件上的碰撞力

(1)应计入非正常高度或失控道路车辆对桥墩或桥梁支承构件的碰撞力。

注:国家附件可规定:

—保护桥梁免受车辆碰撞力的规则;

—何时考虑车辆碰撞力(例如:关于桥墩与行车道边界的安全距离);

—车辆碰撞力的大小和位置;

—需要考虑的极限状态。

对于刚性桥墩,建议的最小值如下:

a)冲击力:1000kN(车辆行驶方向)或500kN(垂直于车辆行驶方向);

b)高出邻近地面:1.25m。

也可参见 EN 1991-1-7。

4.7.2.2 上部结构的碰撞力

(1)若相关,应规定车辆碰撞力。

注1:国家附件可规定上部结构的碰撞力,可能与竖向净空或其他防护形式有关。见 EN 1991-1-7。

注2:作用于桥梁上部结构和道路上方其他结构构件上的碰撞力因结构性或非结构性参数及其适用条件有很大差异。需考虑非正常或超高车辆,以及起重机移动时吊臂上摆等碰撞的可能性。可以采取预防或防护措施,作为碰撞力设计的替代方案。

4.7.3 桥上车辆的碰撞力

4.7.3.1 道路桥梁上人行道和自行车道上的车辆

(1)如果设置了适当防撞等级的安全屏障,则不需要考虑超过此防护范围的车轮或车辆荷载。

注:安全屏障的防撞等级见 EN 1317-2。

(2)当设置(1)中所述的防护时,按图4.9所示的位置和方向应在桥跨结构没有保护的部分布置与 $\alpha_{Q2}Q_{2k}$(见4.3.2)相关的偶然轴载,以便得到邻近安全屏障处的最不利效应。该轴载不应与其他任何可变荷载同时作用于桥跨结构。如果受几何尺寸限制不可能同时布置两个车轮,则只计入单个车轮。

在车辆防护系统外,应施加5.3.2.2规定的集中标准可变荷载,独立于偶然荷载。

(3)在没有(1)所述的防护时,(2)中的规定适用于有车辆护墙的桥跨结构边缘。

4.7.3.2 路缘石上的碰撞力

(1)车辆对路缘石或铺装立柱的作用应视为一个等于100kN、作用在路缘石顶面以下0.05m的横向力。

该力应视为作用于0.5m长的线段上,并由路缘石传递至支承它的结构构件。在刚性结构构件中,假定荷载扩散角为45°。当不利时,应考虑等于$0.75\alpha_{Q1}Q_{1k}$的竖向交通荷载与碰撞力同时作用(图4.10)。

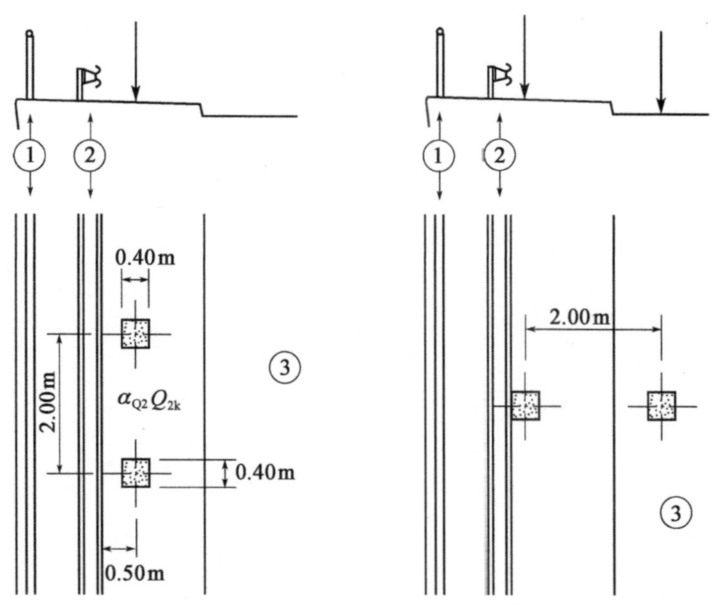

图4.9 道路桥梁上作用于人行道和自行车道的车辆荷载位置示例

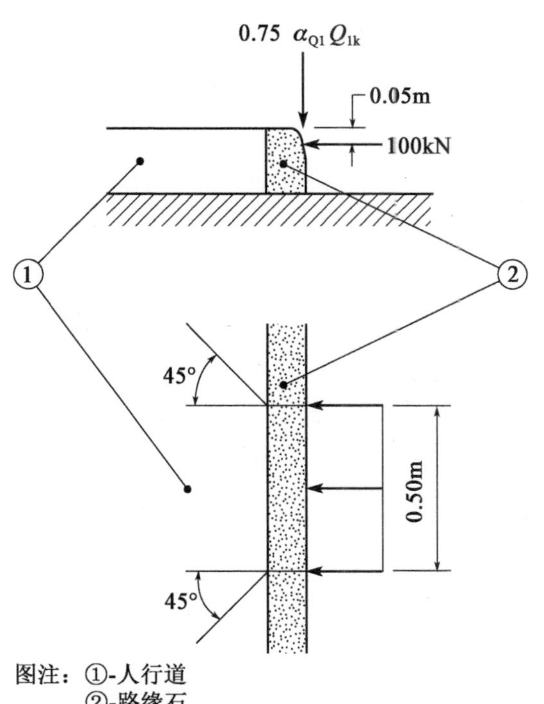

图4.10 作用于路缘石的车辆碰撞力规定

4.7.3.3 车辆防护系统上的碰撞力

(1)对于结构设计,应计入通过车辆防护系统传递至桥梁上部结构的水平力和竖向力。

注1:国家附件可规定并选择碰撞力类型以及相关的适用条件。给出4种传递的水平力取值的分类建议如下。

表4.9(n)　由车辆防护系统传递的水平力的分类建议

建议分类	水平力(kN)
A	100
B	200
C	400
D	600

横向作用的水平力可施加于所选的车辆防护系统顶面以下100mm处或在行车道或人行道高程以上1.0m处,以较低者为准,作用于长度为0.5m的线段上。

注2:A～D类的水平力值来自桥梁实际使用的车辆防护系统碰撞试验中的测量值。这些数值与车辆防护系统的性能等级之间没有直接关系,建议值取决于车辆防护系统与路缘石或与其相连的桥梁构件之间的连接刚度。刚度很大的连接会导致出现D类水平力,车辆防护系统连接较弱时将得到较小的水平力。根据EN 1317-2中的性能等级H2,此类系统通常用于钢制车辆防护系统中。很弱的连接会导致出现A类水平力。

注3:国家附件可规定与水平碰撞力同时作用的竖向力,推荐值可取为$0.75\alpha_{Q1}Q_{1k}$。在可能的情况下,可通过构造细节(例如:钢筋设计)来代替考虑水平力和竖向力的计算。

(2)支承车辆护墙的结构应设计成能够承受至少与1.25倍车辆护墙局部抗力(例如:护墙与结构连接的抗力)标准值相当的局部偶然荷载,且无须与其他任何可变荷载组合。

注:国家附件可规定这种设计荷载效应。本条款的给定值(1.25)为推荐的最小值。

4.7.3.4 结构构件上的碰撞力

(1)应考虑行车道水平面以上或旁边无保护措施的结构构件上的车辆碰撞力。

注:国家附件可规定这些力,建议可与4.7.2.1(1)中所规定的相同,作用于行车道水平面以上1.25m处。但当行车道与这些构件之间设有保护措施时,针对具体工程可适当减小碰撞力。

(2)这些力不应与其他任何可变荷载同时作用。

注:对于其破坏不会导致倒塌的中间构件(例如:吊杆或拉索),可针对具体项目规定较小的力。

4.8 人行道护栏上的作用

(1)对于结构设计,通过人行道护栏传递至桥梁上部结构的力应作为可变荷载,并根据护栏所选择的荷载等级确定。

注1:人行道护栏的荷载等级见 EN 1317-6。对于桥梁,C级为建议的最低等级。

注2:针对具体项目或在 EN 1317-6 对应的国家附件中,可根据人行道护栏的等级确定通过其传递至上部结构的力。对于人行道或人行桥,作用在护栏顶部的水平力或竖向力作为一种可变荷载,推荐的线荷载最小值为 1.0kN/m。对于服务性边道,推荐的最小值为 0.8kN/m。这些推荐的最小值不包括异常和偶然情况。

(2)对于支承结构设计,如果人行道护栏能充分防护车辆碰撞,则应同时考虑水平作用和 5.3.2.1 中规定的竖向均布荷载。

注:针对具体项目,只有当保护措施满足要求时,方可认为人行道护栏能够提供充分保护。

(3)当人行道护栏不能视作可以充分防护车辆碰撞时,支承结构的设计应能够承受相当于 1.25 倍护栏标准抗力的偶然荷载效应,不包括任何可变荷载。

注:国家附件可规定本设计荷载效应。本条款的给定值(1.25)为推荐值。

4.9 桥台及邻近桥梁的墙体的荷载模型

4.9.1 竖向荷载

(1)应采用适当的模型加载位于桥台、翼墙、侧墙和与土接触的其他桥梁构件后面的行车道。

注1:国家附件可规定这些适当的荷载模型。推荐使用 4.3.2 中规定的荷载模型 1,但为简单起见,可将串联系统荷载替换为等效均布荷载,记为 q_{eq},根据荷载在回填土或土中的扩散情况,荷载 q_{eq} 分布在适当的矩形面上。

注2:荷载在回填土或土中的扩散见 EN 1997。在没有其他规定时,如果回填土被合理压实,则相对于[AC1]竖直方向[AC1]的扩散角的推荐值为 30°。采用该值,q_{eq} 的作用面可认为是一个宽 3m、长 2.20m的矩形面。

(2)荷载模型中除标准值之外的代表值均不考虑。

4.9.2 水平力

(1)回填土上行车道表面不应考虑水平力。

(2)当设计桥台背墙(图 4.11)时,应考虑与荷载模型 1 的轴载 $\alpha_{Q1}Q_{1k}$ 以及回填土的土压力同时作用的纵向制动力,其标准值为 $0.6\alpha_{Q1}Q_{1k}$。假设回填土不同时承受荷载。

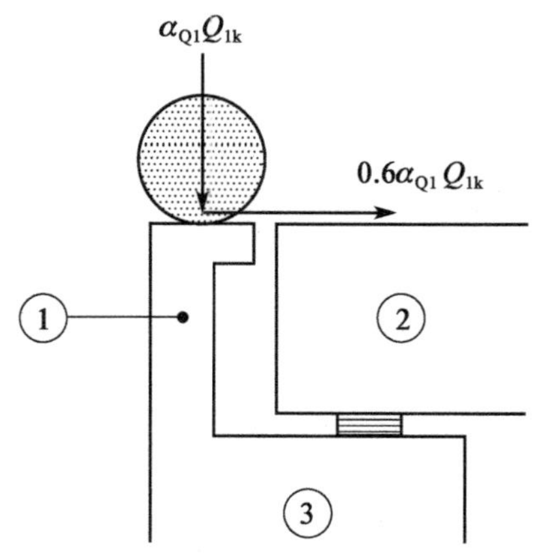

图注:①-背墙
②-上部结构
③-桥台

图 4.11　背墙荷载的规定

5 人行道、自行车道和人行桥上的作用

5.1 适用范围

(1)本章规定的荷载模型适用于人行道、自行车道和人行桥。

(2)相关情况下[见4.5、4.7.3 和6.3.6.2(1)],均布荷载 q_{fk}(在5.3.2.1 中规定)和集中荷载 Q_{fwk}(在5.3.2.2 中规定)适用于公路桥、铁路桥以及人行桥。本章定义的所有其他可变作用和偶然设计状况下的作用仅适用于人行桥。

注1:作用于台阶的荷载,见 EN 1991-1-1 的6.3。

注2:对于大型人行桥(例如:宽度超过6m 的人行桥),本章规定的荷载模型可能不适用,具体项目中可能须规定补充的荷载模型及相应的组合规则。实际上,宽的人行桥上可能会出现各种人群活动。

(3)本章给出的模型和代表值应用于正常使用极限状态和承载能力极限状态的计算,但不包括疲劳极限状态。

(4)有关人行桥振动的计算和基于动力分析的计算见5.7。对于作用于任意桥型上所有其他荷载效应的计算,本章给出的模型和数值已包含动力放大效应,并且可变作用应视为静力作用。

(5)本章给出的荷载模型不包括施工现场的荷载效应,应在相关情况下单独规定。

5.2 作用代表值

5.2.1 荷载模型

(1)本章规定的外加荷载来自人群和自行车交通、小规模的正常施工和维护荷载(例如:服务车辆)以及偶然状况产生的荷载。这些荷载产生竖向和水平的静力和动力。

注1:自行车产生的荷载一般远小于人群产生的荷载,本章所给出的值基于经常或偶尔在

自行车道上出现的行人。具体项目中需要特别考虑由马匹或牛产生的荷载。

注2:本章定义的荷载模型并非是对真实荷载的描述。这些模型已经过挑选,以使其效应(包括动力放大效应)代表实际交通效应。

(2)由碰撞引起的偶然设计状况的作用应由静力等效荷载表示。

5.2.2 荷载等级

(1)人行桥上的荷载根据其位置以及交通流量而不同。这些因素是相互独立的,并在以下各条款中考虑。因此,无须定义这些桥梁的一般分类。

5.2.3 荷载模型的应用

(1)除服务车辆以外(见5.3.2.3),相同的模型应用于人行桥的人群或自行车交通、有人行道护栏限制的道路桥梁但不包括1.4.2(EN 1991 中规定的人行道)规定的行车道和铁路桥梁的人行步道。

(2)应为桥梁内的检修通道和铁路桥梁的平台规定其他合适的模型。

注:国家附件或具体项目可规定此类模型。推荐的模型为一个 2kN/m^{2}的均布荷载和作用于0.20m×0.20m 正方形面的 3kN 的集中荷载,该模型单独使用以获取最不利效应。

对于各具体应用,竖向荷载模型应施加于相关区域内的任一位置,以获得最不利效应。

注:在其他条款中,这些荷载都是自由荷载。

5.3 竖向荷载的静力模型——标准值

5.3.1 一般规定

(1)标准荷载用来确定与承载能力极限状态验算和特殊的使用验算相关的人行道或自行车道的静力荷载效应。

(2)相关情况下,应考虑相互独立的三个模型。它们的组成如下:

—均布荷载 q_{tk};

—集中荷载 Q_{fwk};

—代表服务车辆的荷载 Q_{serv}。

(3)这些荷载模型的标准值应在持久和短暂设计状况下使用。

5.3.2 荷载模型

5.3.2.1 均布荷载

(1)对于有人行道或自行车道的道路桥梁,应规定均布荷载 q_{fk}(图 5.1)。

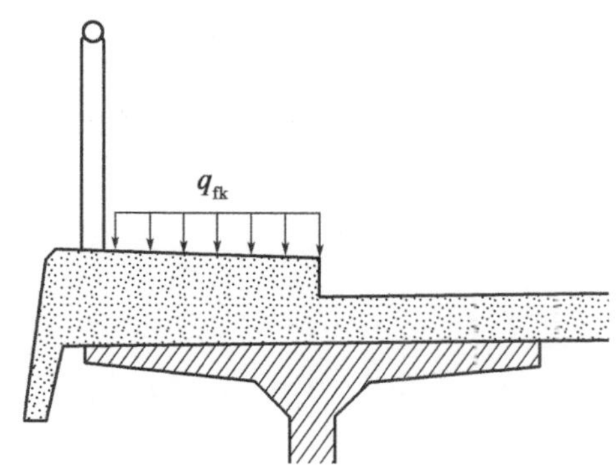

图 5.1 人行道(或自行车道)的标准荷载

注:国家附件或具体项目可规定标准值 q_{fk}。推荐值为 $q_{fk}=5\text{kN/m}^2$。

(2)对于人行桥的设计,应规定均布荷载 q_{fk}并仅施加于影响面纵向和横向的不利部分。

注:4.3.5 规定的荷载模型 4(人群荷载),其对应的 $q_{fk}=5\text{kN/m}^2$,可规定该模型包括了连续密集人群的静力效应。当人行桥不要求应用 4.3.5 规定的荷载模型 4 时,q_{fk}的建议值为:

$$q_{tk} = 2.0 + \frac{120}{L+30} \quad \text{kN/m}^2 \tag{5.1}$$

$$q_{fk} \geqslant 2.5\text{kN/m}^2; q_{fk} \leqslant 2.5\text{kN/m}^2$$

式中:L——加载长度[m]。

5.3.2.2 集中荷载

(1)集中荷载 Q_{fwk}的标准值应等于 10kN,作用在边长为 0.10m 的正方形表面上。

注:荷载的标准值和尺寸可在国家附件中调整。推荐采用本条款的数值。

(2)在验算中,如果可以区分整体效应和局部效应,则仅在局部效应中考虑集中荷载。

(3)对于人行桥,如果规定了 5.3.2.3 中提到的服务车辆,那么不应考虑 Q_{fwk}。

5.3.2.3 服务车辆

(1)P 当人行桥或人行道运行服务车辆时,应考虑服务车辆的荷载值 Q_{serv}。

注 1:该车辆可以是用于维修、紧急事件(例如:救护、消防)或其他服务的车辆。该车辆的特性(轴重和轴间距,轮胎接地面积),动力放大系数和所有其他合适的加载规则可在具体项目或国家附件中规定。如果没有可用的信息并且没有阻止车辆开到桥跨结构上的永久性隔挡,则推荐使用 5.6.3 规定的车辆作为服务车辆(标准荷载);在这种情况下,不需要再使用 5.6.3,例如:考虑相同的车辆作为偶然荷载。

注 2:如果有禁止全部车辆开上人行桥的永久性隔挡,则不需要考虑服务车辆。

注 3:对于具体项目,可能必须考虑并规定几种互相独立的服务车辆。

5.4 水平力的静力模型——标准值

(1)仅对人行桥,应考虑水平力 Q_{flk},沿桥跨结构轴线作用在铺装层表面。

(2)水平力的标准值应取下列两值中的较大者:

—总荷载的 10%,与均布荷载(5.3.2.1)相关;

—服务车辆总重的 60%(如相关)[5.3.2.3-(1)P]。

注:国家附件或具体项目可规定水平力的标准值。推荐采用本条款的数值。

(3)认为水平力与相应的竖向荷载同时作用,并在任何情况下都不与集中荷载 Q_{fwk} 同时考虑。

注:该力在正常情况下足以保证人行桥的水平纵向稳定性。但它不能保证水平横向稳定性,应通过考虑其他作用或适当的设计措施来保证水平横向稳定性。

5.5 人行桥上的交通荷载组合

(1)当相关时,应通过表 5.1 中的荷载组合考虑由交通产生的竖向力和水平力。这些相互独立的荷载组合中的每一组应视作为与非交通荷载组合的标准作用。

表 5.1 荷载组合定义(标准值)

荷载类型		竖向力		水平力
荷载系统		均布荷载	服务车辆	
荷载组合	gr1	q_{fk}	0	Q_{flk}
	gr2	0	Q_{serv}	Q_{flk}

(2)对交通荷载与 EN 1991 其他部分中规定作用的任意组合,均应视作一个作用。

注:对于人行桥上交通荷载的各个组成部分,其他代表值的定义见 EN 1990 附录 A2。

5.6 人行桥偶然设计状况下的作用

5.6.1 一般规定

(1)产生这些作用的原因:

—桥下的道路车辆(例如碰撞);

—桥上偶然出现的重型车辆。

注:具体项目或国家附件可规定其他碰撞力(见 2.3)。

5.6.2 桥下道路车辆的碰撞力

(1)应规定保护人行桥的措施。

注:人行桥(桥墩和桥跨结构)通常比道路桥梁对碰撞力更敏感。采用相同的碰撞荷载进行设计是不现实的。考虑碰撞最有效的方法是对人行桥采取保护措施:

—通过在桥墩前适当距离处设置道路防护系统;

—在中间没有其他通道汇入的情况下,通过设置比跨越同一道路的邻近道路桥或铁路桥更高的净空。

5.6.2.1 桥墩的碰撞力

(1)应计入异常高度或违规车辆对桥墩或人行桥的支承构件或匝道或楼梯的碰撞力。

注:国家附件中可规定:

—保护桥梁免受车辆碰撞力的规定;

—考虑车辆碰撞力的情况(例如:给出桥墩与行车道边界的安全距离的参考值);

—车辆碰撞力的大小和位置;

—需要考虑的极限状态。

对于刚性桥墩,推荐的最小值如下:

a)冲击力:取 1000kN(车辆行驶方向)或取 500kN(垂直车辆行驶方向);

b)距相邻地面以上 1.25m。

也可参见 EN 1991-1-7。

5.6.2.2 桥跨结构的碰撞力

(1)相关设计时,应确保地面与桥跨结构底面有足够的竖向净空。

注 1:国家附件或具体项目中可根据竖向净空规定碰撞力。也可参见 EN 1991-1-7。

注 2:必须考虑异常或违规高度车辆碰撞的可能性。

5.6.3 桥梁上车辆的偶然状况

(1)P 如无永久性隔挡阻止车辆开上桥面,则应考虑桥面上偶然出现的车辆。

(2)对于该状况,应使用如下荷载模型:由一个 80kN 和 40kN 的双轴载组成,轴距为 3m(图 5.2),轮距(轮中心距)为 1.3m,轮胎接地面积约为边长 0.2m 的正方形。与该荷载模型相关的制动力取竖向力的 60%。

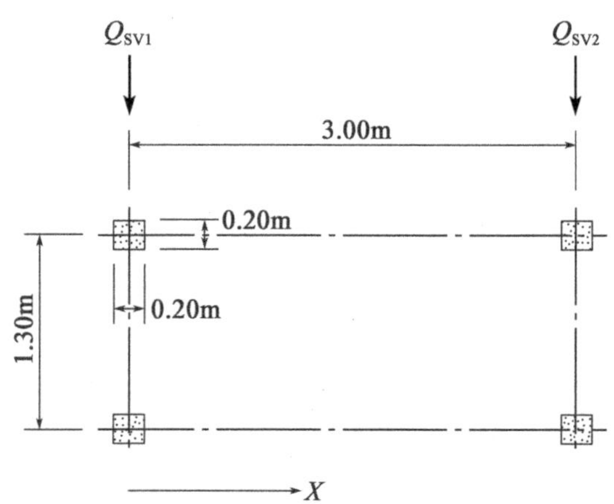

图注:X-桥梁轴线方向

$Q_{SV1}=80kN$

$Q_{SV2}=40kN$

图 5.2 偶然荷载

注 1:见 5.3.2.3-(1)P 注释。

注 2:如相关,国家附件和具体项目可规定荷载模型的其他标准值。推荐使用本条款定义的模型。

(3)可变荷载不应与 5.6.3(2)规定的荷载模型同时考虑。

5.7 人群荷载的动力模型

(1)桥跨主要结构相应的固有频率(对应于竖向、水平、扭转振动),取决于结构的动力特性,应采用合适的结构模型确定。

注:人行桥的振动可能有多种起因,例如:人群(走、跑、跳或舞蹈)、风及蓄意破坏者等引起的作用。

(2)由人群施加的与桥梁某一固有频率相同的力可产生共振,需要考虑与振动有关的极限状态验算。

注:作用在人行桥上的人群交通效应取决于多种因素,例如,可同时作用在桥上的人的数量及位置,以及外部环境,或多或少与桥梁所在的位置有关系。在桥梁没有显著响应的情况下,行人的正常行走会同时施加以下周期性力:

—竖直方向,频率范围为 1 ~ 3Hz;

—水平方向,频率范围为 0.5 ~ 1.5Hz。

慢跑的人群通过人行桥产生的频率为 3Hz。

(3)应规定人群荷载的适当动力模型及舒适性标准。

注:国家附件或具体项目可规定人群荷载的动力模型和相关舒适标准。也可参见 EN 1990 附录 A2。

5.8 护栏上的作用

(1)对于人行桥,人行道护栏的设计应与 4.8 的规定一致。

5.9 桥台及桥梁邻近墙体上的荷载模型

(1)行车道以外,以及位于桥台、翼墙、侧墙和与地面接触的其他桥梁构件后面的区域,应施加 $5kN/m^2$ 的竖向均布荷载。

注 1:该模型不包括重型施工车辆和其他用于运输回填土的货车效应。

注 2:可针对具体项目调整标准值。

6　铁路桥梁上的铁路交通荷载及其他作用

6.1　适用范围

(1)P　本章适用于欧洲干线铁路网中标准轨距和宽轨距的铁路交通。

(2)本章定义的荷载模型并非是对真实荷载的描述。这些荷载模型已经过挑选,并单独考虑动力放大效应,以使其代表运营交通的荷载效应。当需要考虑超出本部分所规定的荷载模型之外的其他交通类型时,应规定备选荷载模型及相应的荷载组合规则。

注:国家附件或具体项目可规定备选荷载模型及相应的荷载组合规则。

(3)P　本章不适用于以下情形:

—窄轨铁路;

—电车轨道或者轻轨铁路;

—受保护的铁路;

—齿轨铁路;

—缆索轨道。

应明确规定以上铁路的荷载模型和作用标准值。

注:国家附件或具体项目可规定以上铁路的荷载模型和作用标准值。

(4)为确保运营安全和乘坐舒适等,EN 1990 附录 A2 中对结构在铁路交通荷载作用下的变形要求进行了规定。

(5)给出了三种标准的铁路交通组合作为计算结构疲劳寿命的基础(参见附录 D)。

(6)非结构部件的自重包括:声屏障和防撞栏、信号设施、管道、缆索和接触网设备(除接触导线的张拉力)。

(7)因为部分类型的临时桥梁刚度较小,设计时应予以特别关注。应规定临时桥梁的荷载和设计要求。

注:国家附件或具体项目可规定基于本标准的临时铁路桥梁设计荷载。根据其桥梁结构具体使用的情形,在国家附件或具体项目中可针对临时桥梁做出特殊规定(例如:斜交桥设计中的特殊要求)。

6.2 作用的代表值——铁路交通荷载

(1)对于相关动力效应、离心力、摇摆力、牵引力和制动力以及因列车通过产生的气动作用计算做出一般规定。

(2)铁路运营产生的作用如下:

—竖向荷载:荷载模型71、SW(SW/0 和 SW/2),“空载列车”和高速荷载模型(HSLM)(6.3 和 6.4.6.1.1);

—土石方工程计算用竖向荷载(6.3.6.4);

—动力效应(6.4);

—离心力(6.5.1);

—摇摆力 (6.5.2);

—牵引力和制动力 (6.5.3);

—列车通过产生的气动作用(6.6);

—由接触网设备以及其他铁路基础设施和设备产生的作用(6.7.3)。

注:关于结构和轨道在可变作用下的组合响应,给出了评价指导(6.5.4)。

(3)偶然设计状况下列车脱轨作用如下:

—铁路交通承载结构上的列车脱轨作用(6.7.1)。

6.3 竖向荷载——标准值(静力效应)以及荷载偏心和分布

6.3.1 一般规定

(1)铁路交通荷载通过荷载模型规定。5 种铁路荷载模型如下:

—荷载模型71(和用于连续桥梁的荷载模型 SW/0)代表在铁路干线上的普通铁路交通荷载;

—荷载模型 SW/2 代表重型荷载;

—高速荷载模型(HSLM)代表速度超过 200km/h 的客车荷载;

—荷载模型“空载列车”代表空载列车荷载。

注:6.8.1 给出了荷载模型的使用要求。

(2)制定了调整规定荷载的条款,以满足不同铁路上铁路交通的性质、运量、最大重量以及轨道质量的差异。

6.3.2 荷载模型 71

(1)荷载模型 71 代表普通铁路交通产生的竖向荷载静力效应。

(2)P 应采用图 6.1 中的荷载布置方式和竖向荷载标准值。

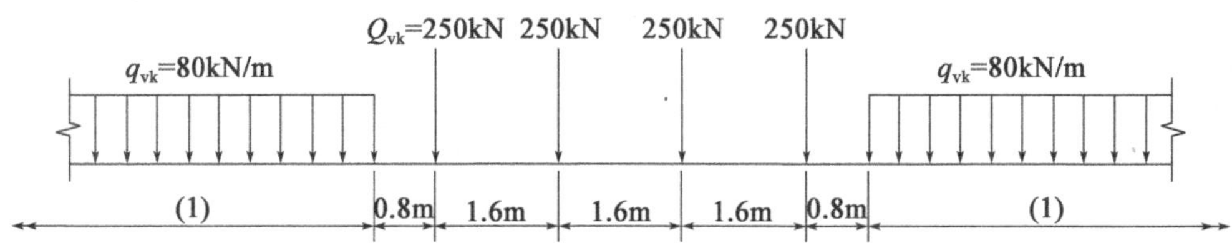

图注:(1)-无限制

图 6.1 荷载模型 71 和竖向荷载标准值

(3)P 相对于普通铁路交通,在承载更重或更轻的铁路交通荷载线路上,图 6.1所给出的荷载标准值应乘以系数 α。在乘以系数 α 后该荷载被称为“分类竖向荷载”。系数 α 应从以下值中选取:

0.75-0.83-0.91-1.00-1.10-1.21-1.33-1.46

下面列出的荷载作用也应乘以相同的系数 α:

—6.3.6.4 中用于土石方和土压力效应计算的等效竖向荷载;

—6.5.1 中的离心力;

—6.5.2 中的摇摆力(仅当 $\alpha \geq 1$ 时乘以 α);

—6.5.3 中的牵引力和制动力;

—6.5.4 中结构和轨道在可变作用下的组合响应;

—6.7.1(2)中偶然设计状况下的脱轨作用;

—6.3.3 和 6.8.1(8)中连续梁桥的荷载模型 SW/0。

注:对于国际线路,建议取 $\alpha \geq 1.00$。国家附件或具体项目可规定系数 α。

(4)P 在校核挠度限值时,应按 6.3.2(3)中的规定使用分类竖向荷载和乘以系数 α 的其他荷载(旅客舒适性验算时 α 取 1)。

6.3.3 荷载模型 SW/0 和 SW/2

(1)荷载模型 SW/0 代表普通铁路交通作用于连续梁上产生的竖向荷载静力效应。

(2)荷载模型 SW/2 代表重载铁路交通产生的竖向荷载静力效应。

(3)P 图6.2 给出了应采用的荷载布置方式,竖向荷载标准值根据表6.1取值。

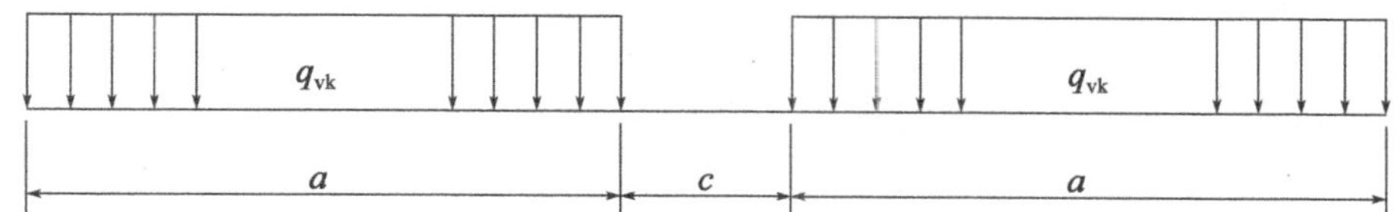

图6.2 荷载模型 SW/0 和 SW/2

表6.1 荷载模型 SW/0 和 SW/2 的竖向荷载标准值

荷载模型	q_{vk}[kN/m]	a[m]	c[m]
SW/0	133	15.0	5.3
SW/2	150	25.0	7.0

(4)P 当重载铁路的线路或部分线路考虑使用荷载模型 SW/2 时,应特别指定。

注:可在国家附件或具体项目中规定。

(5)P 荷载模型 SW/0 应按照6.3.2(3)规定乘以系数 α。

6.3.4 荷载模型"空载列车"

(1)对一些特定验算[参见 EN 1990 附录 A2 中2.2.4(2)],需要使用特殊荷载模型"空载列车"。荷载模型"空载列车"由标准值为10.0kN/m的竖向均布荷载组成。

6.3.5 竖向荷载偏心(荷载模型71和SW/0)

(1)P 竖向荷载的侧向位移效应应通过将所有车轴轮载施加于任何一根轨道上的方式加以考虑,施加于单根轨道的荷载与正常状态荷载比值最高可达1.25:1.00。形成的偏心距 e 如图6.3所示。

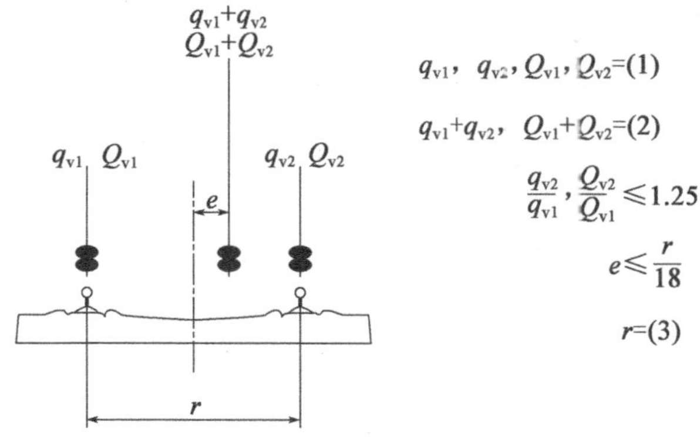

图注:(1)-每根轨道上的均布荷载和集中荷载
(2)-荷载模型71(或明确要求时为 SW/0)
(3)-轮载横向距离

图6.3 竖向荷载偏心

当考虑疲劳时,竖向荷载偏心可忽略。

注:6.8.1 给出了关于轨道位置及其误差的要求。

6.3.6 通过钢轨、轨枕和道砟传递的轴载分布

(1)除了特殊说明外,6.3.6.1 ~6.3.6.3 适用于实际列车,疲劳列车,荷载模型 71、SW/0、SW/2,“空载列车”和高速荷载模型(HSLM)。

6.3.6.1 通过铁轨传递的集中荷载或轮载的纵向分布

(1)荷载模型 71[或明确要求采用 6.3.2(3)中的分类竖向荷载]和高速荷载模型(HSLM,除 HSLM-B 外)中的集中荷载或轮载,可按图 6.4 所示分布在三个轨道支承点上。

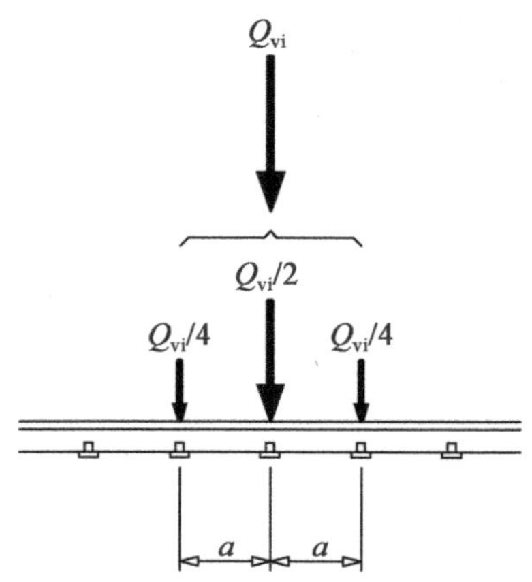

图注:Q_{vi}-荷载模型 71 作用于每根轨道上的集中荷载或 6.3.5 中实际列车、疲劳列车、高速荷载模型(HSLM,除 HSLM-B)的轮载

a-铁轨支承点之间的距离

图 6.4 通过铁轨传递的集中荷载或轮载的纵向分布

6.3.6.2 通过轨枕和道砟传递的荷载的纵向分布

(1)只有荷载模型 71 的集中荷载[或明确要求采用 6.3.2(3)中的分类竖向荷载]或轴载,一般可沿纵向均匀分布(除局部荷载效应显著的区域,例如:局部桥面部件设计等)。

(2)对于局部桥面部件等的设计(例如:纵向和横向加劲肋、轨道支承、横梁、桥面板、薄混凝土板等),应考虑图 6.5 所示轨枕下的荷载纵向分布,桥面板的上表面定义为参考平面。

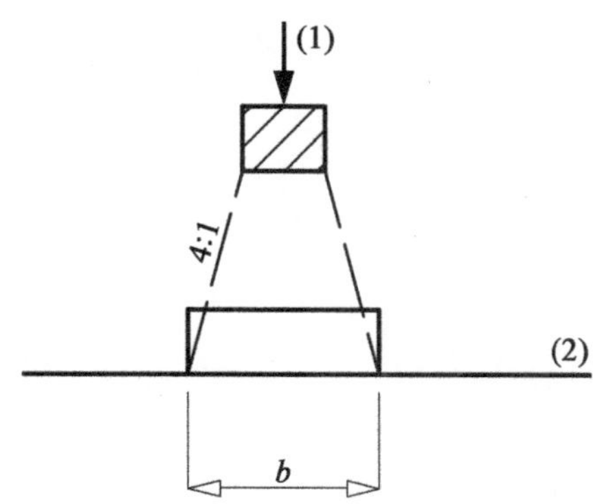

图注:(1)-轨枕上的荷载

(2)-参考平面

图 6.5 通过轨枕和道砟传递的荷载的纵向分布

6.3.6.3 通过钢轨、枕木和道砟传递的荷载的横向分布

(1)在采用有砟轨道并且未设超高的桥梁上,荷载的横向分布可参见图 6.6。

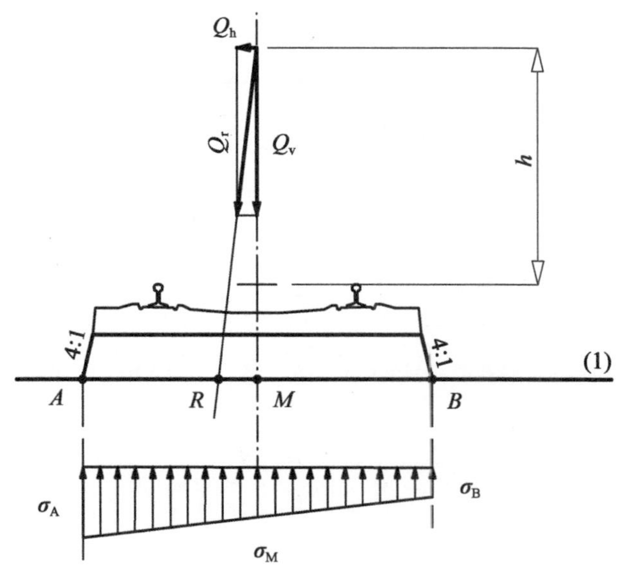

图注:(1)-参考平面

图 6.6 通过轨枕和道砟传递的荷载的横向分布,轨道未设超高(未显示竖向荷载偏心效应)

(2)在采用全长轨枕有砟轨道并且未设超高桥梁上,若道砟只在轨下捣实,或采用双块式分离轨枕,荷载的横向分布如图 6.7 所示。

(3)在采用有砟轨道并设超高的桥梁上,荷载的横向分布如图 6.8 所示。

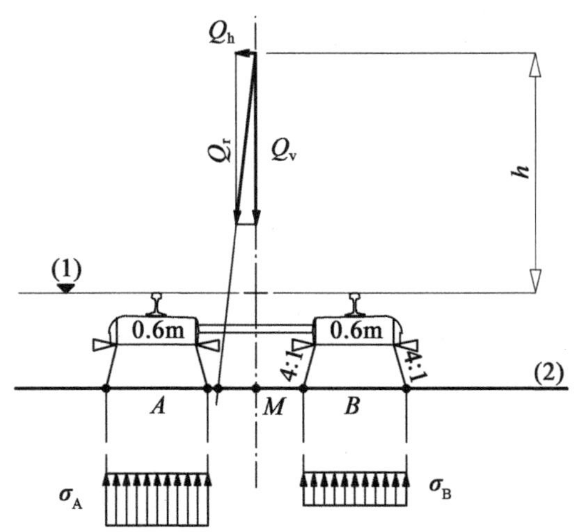

图注:(1)-走行面
(2)-参考平面

图 6.7　通过轨枕和道砟传递的荷载的横向分布,轨道未设超高(未显示竖向荷载偏心效应)

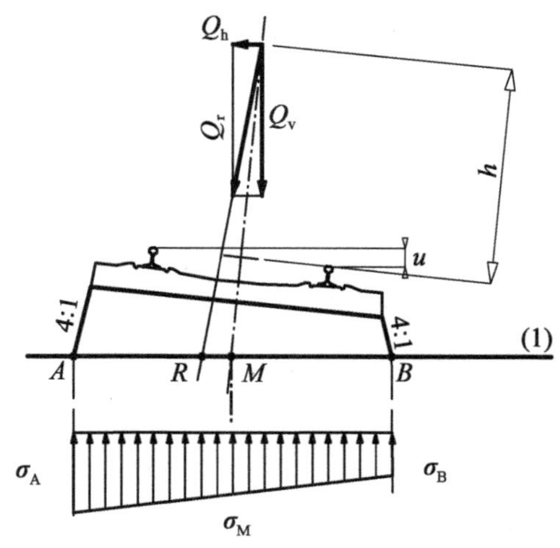

图注:(1)-参考平面

图 6.8　通过轨枕和道砟传递的荷载的横向分布,轨道设超高(未显示竖向荷载偏心效应)

(4)在采用全长轨枕有砟轨道并设超高的桥梁上,若道砟只在轨下捣实,或采用双块式分离轨枕,应对图 6.8 进行修正并考虑在每个轨道下面的横向荷载分布,如图 6.7 所示。

(5)应规定所采用的横向分布。

注:具体项目可规定所采用的横向分布。

6.3.6.4　用于土体和土压力效应计算的等效竖向荷载

(1)对于整体效应,铁路交通等效竖向荷载标准值可作为对轨下或邻近轨道处土体的合适荷载模型[荷载模型 71(或有要求时采用 6.3.2(3)中的分类竖向荷载)

或有要求时采用荷载模型 SW/2],并均匀分布在轨道走行面 3.00m 宽度内、0.7m 以下。

(2)上述均布荷载无须乘以动力放大系数。

(3)对于靠近一根轨道处局部构件(例如:挡砟墙)的设计,应考虑由铁路交通产生的作用于构件上的最大局部竖向、纵向和横向荷载,并进行专门计算。

6.3.7 非公共步道上的荷载

注:个别项目可规定对非公共步道、维修通道或平台等的备选性要求。

(1)非公共步道只能由获得许可的人使用。

(2)行人、自行车和一般维修荷载采用标准值为 $q_{fk}=5kN/m^2$ 的均布荷载表示。

(3)对于局部构件设计,应考虑 $Q_k=2.0kN$ 的集中荷载单独作用于边长为 200mm 的正方形区域内。

(4)人群作用在护栏、隔墙和屏障上的水平力应按照 EN 1991-1-1 中的分类 B 和 C1 取值。

6.4 动力效应(包含共振)

6.4.1 简介

(1)桥梁的静应力和变形(以及与之相关的桥面加速度)在移动荷载作用下随以下因素增大或减小:

—由过桥交通速度和结构惯性力响应(冲击效应)产生的加载速率;

—近似等间距的连续荷载通过桥梁时可以激励起结构振动,在特定情况下会引起共振[激励的某一频率(或多个频率)与结构的固有频率(或多阶频率)重合,结构可能会由于连续轴载通过而发生过大振动]。

—由轨道或车辆缺陷(包括车轮不平整)引起的振动。

(2)P 为确定铁路交通作用的效应(应力、变形、桥面加速度等),应考虑以上影响。

6.4.2 动力性能影响因素

(1)影响动力性能的主要因素是:

i)车辆过桥速度;

ii)构件跨度 L 以及考虑构件变形的影响线长度;

iii)结构质量;

iv)整个结构和相关构件的自振频率,以及沿轨道线路方向的对应振型(特征形式);

v)车轴数、轴载和轴距;

vi)结构阻尼;

vii)轨道竖向不平顺;

viii)车辆的簧下/簧上质量和悬挂特征;

ix)有规则间隔的桥面板和/或轨道支承(横梁、轨枕等);

x)车辆缺陷(车轮扁疤、车轮不圆、悬挂缺陷等);

xi)轨道(道砟、轨枕、轨道构件等)的动力特性。

以上因素在6.4.4~6.4.6中考虑。

注:没有专门规定为避免共振和过大振动效应的挠度限值。关于交通安全和旅客舒适性等的挠度标准参见EN 1990附录A2。

6.4.3 一般设计规定

(1)P 应采用6.3中规定的荷载模型进行静力分析(荷载模型71,有要求时为荷载模型SW/0和SW/2),分析结果应该乘以6.4.5中规定的动力系数Φ(有要求时,则乘以6.3.2中的系数α)。

(2)6.4.4给出了是否需要进行动力分析的判别标准。

(3)P 在以下情况下需要进行动力分析:

—附加的动力分析荷载工况应按照6.4.6.1.2执行。

—最大的桥面板峰值加速度应按照6.4.6.5进行验算。

—动力分析结果应与乘以6.4.5中的动力系数Φ(有要求时,则乘以6.3.2中的系数α)的静力分析结果进行比较。应根据6.4.6.5采用荷载效应最不利值进行桥梁设计。

—应按照6.4.6.6进行验算,以确保采用静力分析所得的应力乘以动力系数Φ包含了考虑高速或共振的附加疲劳荷载效应。

(4)当现场的最高线路速度大于200km/h,或需要进行动力分析时,所有桥梁应依据荷载模型71(若需要时为荷载模型SW/0)的标准值或根据6.3.2用$\alpha \geq 1$的分类竖向荷载进行设计。

(5)对于客运列车,满足6.4.4~6.4.6中的动力效应限值的最高允许车速可达350km/h。

6.4.4 静力分析或动力分析的要求

(1)确定是否需要静力或动力分析的要求如图 6.9 所示。

注:国家附件可规定备选要求,推荐采用图 6.9 中的流程。

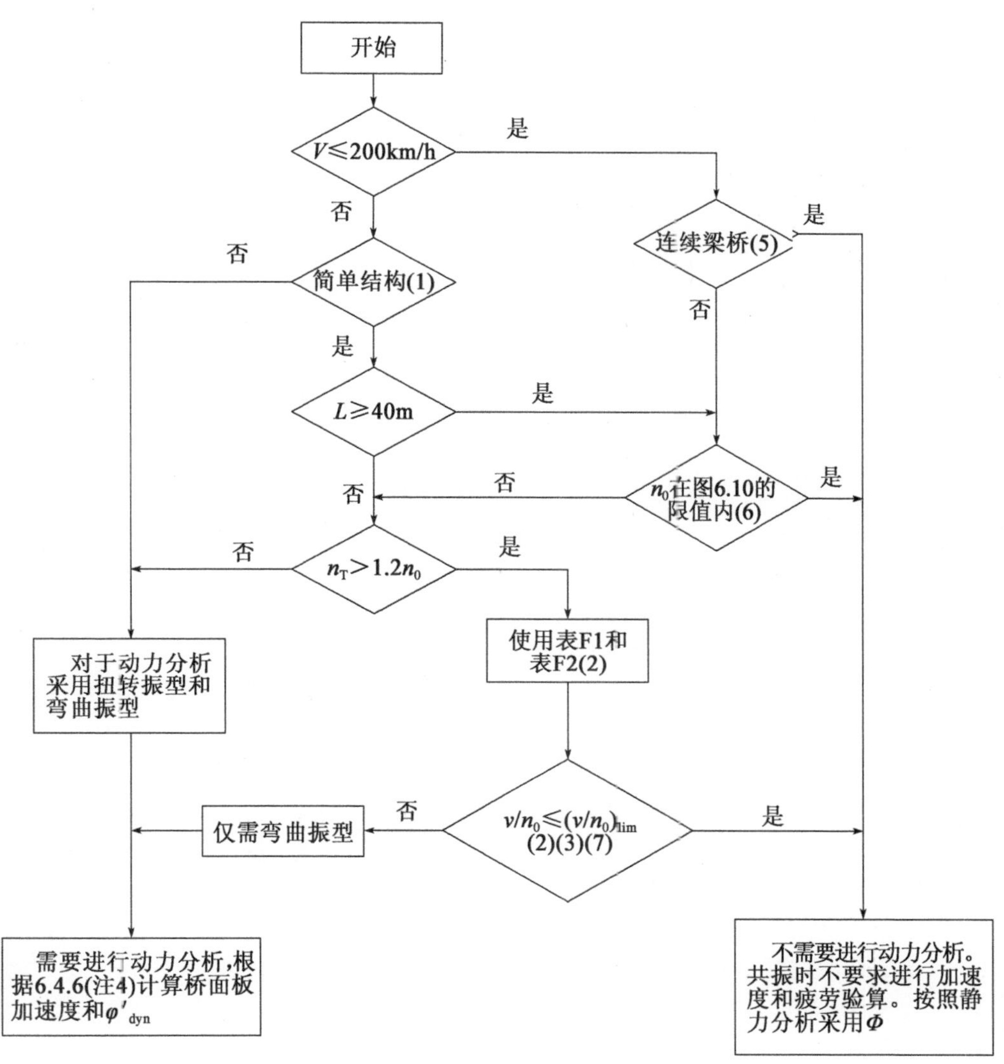

图 6.9 确定是否需要进行动力分析的流程图

图中:V——现场最高线路速度[km/h];

L——跨度[m];

n_0——永久作用下桥梁一阶弯曲自振频率(Hz);

n_T——永久作用下桥梁一阶扭转自振频率(Hz);

v——最大名义速度[m/s];

$(v/n_0)_{lim}$——在附录 F 中给出。

注 1:本条适用于只有纵向直线梁的简支梁或忽略斜交效应的刚性支承简支板。

注 2:表 F1 和表 F2 以及相关的有效性限值参见附录 F。

注 3:当实际列车的日常运行速度等于结构的共振速度时,需要进行动力分析。参见 6.4.6.6和附录 F。

注 4:6.4.6.5(3)中给出的 φ'_{dyn} 是实际列车结构效应的动力冲击系数。

注 5:若桥梁满足 EN 1990 中 A2.4.4 的抗力及变形限值,以及 EN 1990 的 A2 中与旅客舒适性极好标准相对应的车体加速度(或相关变形限值)时,则适用。

注 6:当桥梁的一阶自振频率 n_0 在图 6.10 所给定的范围内且现场最高线路速度不超过 200km/h 时,不需要进行动力分析。

注 7:当桥梁的一阶自振频率 n_0 超过图 6.10 的上限(1)时,需要进行动力分析。也可参见 6.4.6.1.1(7)。

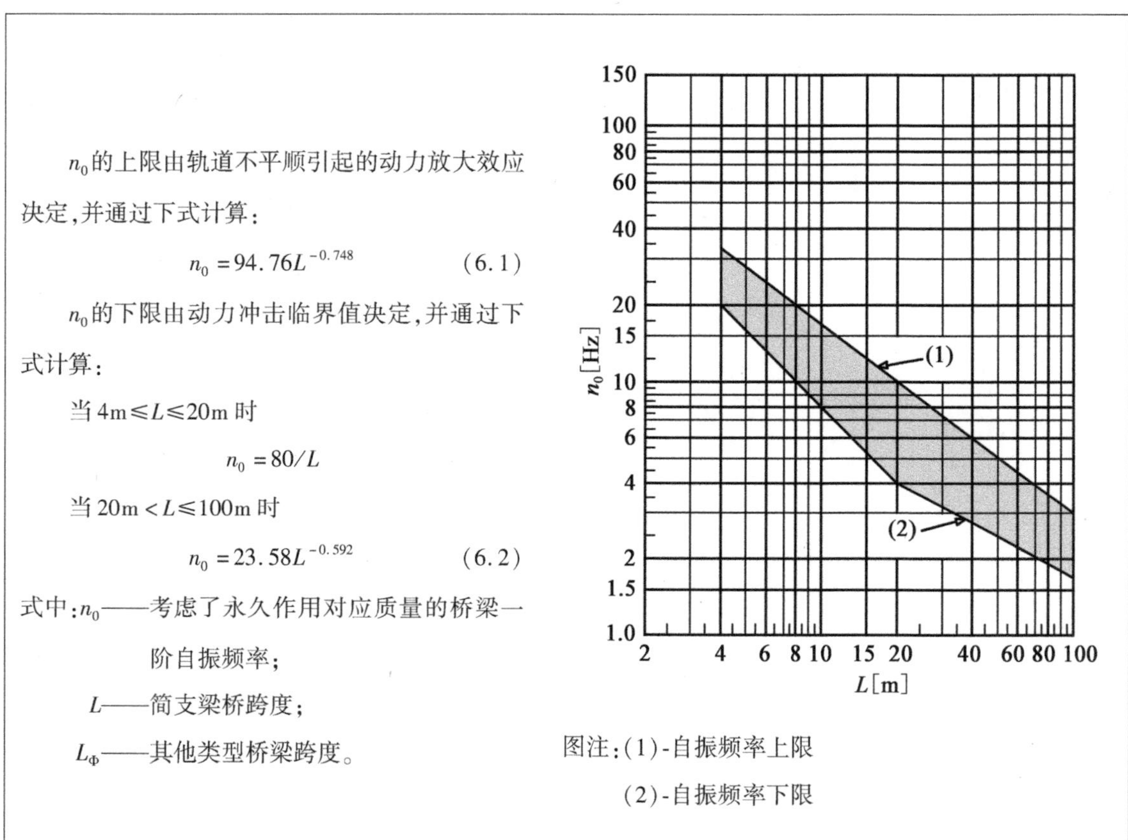

n_0 的上限由轨道不平顺引起的动力放大效应决定,并通过下式计算:

$$n_0 = 94.76L^{-0.748} \tag{6.1}$$

n_0 的下限由动力冲击临界值决定,并通过下式计算:

当 $4\text{m} \leq L \leq 20\text{m}$ 时

$$n_0 = 80/L$$

当 $20\text{m} < L \leq 100\text{m}$ 时

$$n_0 = 23.58L^{-0.592} \tag{6.2}$$

式中:n_0——考虑了永久作用对应质量的桥梁一阶自振频率;

L——简支梁桥跨度;

L_Φ——其他类型桥梁跨度。

图注:(1)-自振频率上限

(2)-自振频率下限

图 6.10　桥梁自振频率 n_0[Hz]随 L[m]变化的限值

注 8:对于只受弯的简支梁桥,其自振频率可以采用下式估算:

$$n_0[\text{Hz}] = \frac{17.75}{\sqrt{\delta_0}} \tag{6.3}$$

式中:δ_0——由永久作用引起的跨中挠度[mm],对于混凝土桥梁,使用短期弹性模量进行计算,以保证计算得到的桥梁自振频率与荷载加载周期是匹配的。

6.4.5 动力系数 Φ(Φ_2、Φ_3)

6.4.5.1 适用范围

(1)动力系数 Φ 考虑了结构应力和振动效应的动力放大,但未考虑共振效应。

(2)P 当不满足6.4.4中规定的标准时,桥梁存在可能发生共振或过度振动的风险(存在桥面加速度过大导致道床不稳定等,以及过大的变形和应力等的可能性)。对于这些情况,应进行动力分析以计算冲击和共振效应。

注:采用静力荷载效应乘以6.4.5中动力系数 Φ 的准静态方法不能预测高速列车的共振效应。在预测共振的动力效应时,要求采用考虑了高速荷载模型(HSLM)和实际列车荷载时变特性的动力分析方法(例如:通过求解运动方程)。

(3)承载轨道数大于1的结构,不应进行动力系数 Φ 折减。

6.4.5.2 动力系数 Φ 的规定

(1)P 使用荷载模型71、SW/0和SW/2时,增大静力荷载效应的动力系数 Φ 应取为 Φ_2 或 Φ_3。

(2)通常动力系数 Φ 应根据轨道的维护质量取 Φ_2 或 Φ_3,即:

(a)对精心维护的轨道:

$$\Phi_2 = \frac{1.44}{\sqrt{L_\Phi} - 0.2} + 0.82 \tag{6.4}$$

且 $1.00 \leqslant \Phi_2 \leqslant 1.67$

(b)对于标准维护的轨道:

$$\Phi_3 = \frac{2.16}{\sqrt{L_\Phi} - 0.2} + 0.73 \tag{6.5}$$

且 $1.00 \leqslant \Phi_3 \leqslant 2.00$

式中:L_Φ——表6.2中规定的"确定性"长度[m](与动力系数 Φ 相关)。

注:上述动力系数是针对简支梁提出的。长度 L_Φ 可以用在具有其他支承条件的结构构件上。

(3)P 若未具体规定动力系数,应使用动力系数 Φ_3。

注:国家附件或具体项目可规定使用的动力系数 Φ。

(4)P 下列情况不应采用动力系数 Φ:

—实际列车荷载;

—疲劳列车荷载(附录 D);

—高速荷载模型(HSLM)[6.4.6.1.1(2)];

—“空载列车”荷载模型(6.3.4)。

6.4.5.3 确定性长度 L_Φ

(1)确定性长度在表6.2 中给出。

注:国家附件可规定 L_Φ的备选值。表6.2 中给出了推荐值。

(2)若表6.2 中未规定 L_Φ值,则确定性长度应取所考虑构件挠度影响线的长度,或应规定备选值。

注:针对具体项目可规定备选值。

(3)如果结构构件的总应力与若干种效应有关,而其中每一个效应单独对应一种结构行为,则在计算每种结构效应时应采用合适的确定性长度。

表6.2 确定性长度 L_Φ

类型	结构构件	确定性长度 L_Φ
钢桥面板:上覆道床的闭合桥面板(正交异性桥面板)(对于局部应力和横向应力)		
	有横梁和连续纵向加劲肋的桥面板:	
1.1	桥面板(双向)	3 倍横梁间距
1.2	连续纵向加劲肋(包括最长为0.5m 的小悬臂)[a]	3 倍横梁间距
1.3	横梁	2 倍横梁长度
1.4	端横梁	3.6m[b]
	只有横梁的桥面板:	
2.1	桥面板(双向)	2 倍横梁间距 +3m
2.2	横梁	2 倍横梁间距 +3m
2.3	端横梁	3.6m[b]
钢梁格:无道床的开口桥面板[b](对于局部和横向应力)		
	轨道支承:	
3.1	—作为连续梁格的一个构件	3 倍横梁间距
	—简支	横梁间距 +3m
3.2	支承轨道的悬臂[a]	3.6m
3.3	横梁(作为横梁/连续梁格轨道支承的组成部分)	2 倍横梁长度
3.4	端横梁	3.6m[b]

[a]一般情况下,对于承受铁路交通荷载的所有超过0.5m 的悬臂,应按照6.4.6 中规定进行专门研究,其作为构件受力应符合国家附件中相关部门的规定。

[b]推荐使用 Φ_3。

表 6.2(续)

<table>
<tr><th>类型</th><th>结构构件</th><th>确定性长度 L_{Φ}</th></tr>
<tr><td colspan="3">上覆道床的混凝土桥面板(对于局部应力和横向应力)</td></tr>
<tr><td>4.1</td><td>桥面板作为箱梁或主梁上翼缘的一部分
—垂直于主梁跨径方向
—沿纵向跨径方向
—横梁
—支承铁路荷载的横向悬臂</td><td>
3 倍桥面板跨径
3 倍桥面板跨径
2 倍横梁长度 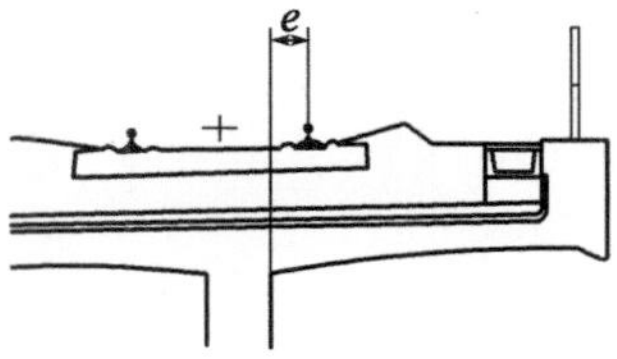

—$e \leq 0.5$m:3 倍腹板间距
—$e > 0.5$m:[a]
图 6.11 支承铁路荷载的横向悬臂</td></tr>
<tr><td>4.2</td><td>横梁上的连续桥面板(主梁方向)</td><td>2 倍横梁间距</td></tr>
<tr><td>4.3</td><td>中承式或下承式桥面板:
—垂直于主梁跨径方向
—沿纵向跨径方向</td><td>
2 倍桥面板跨径 +3m
2 倍桥面板跨径</td></tr>
<tr><td>4.4</td><td>填充桥梁面板中,横跨纵向钢梁之间的桥面板</td><td>2 倍纵向确定性长度</td></tr>
<tr><td>4.5</td><td>桥面板的纵向悬臂</td><td>—$e \leq 0.5$m:3.6m[b]
—$e > 0.5$m:[a]</td></tr>
<tr><td>4.6</td><td>端横梁或托梁</td><td>3.6m[b]</td></tr>
<tr><td colspan="3">[a]一般情况下,对于承受铁路交通荷载的所有超过 0.5m 的悬臂,应按照 6.4.6 中规定进行专门研究,其作为构件受力应符合国家附件中相关部门的规定。
[b]推荐使用 Φ_3。
注:对于类型 1.1 ~ 4.6,L_{Φ}是主梁确定性长度的最大值。</td></tr>
<tr><td colspan="3">主梁</td></tr>
<tr><td>5.1</td><td>简支梁和板(包括埋入混凝土的钢梁)</td><td>主梁方向的跨度</td></tr>
<tr><td>5.2</td><td>n 跨连续梁和板
$$L_m = 1/n(L_1 + L_2 + \cdots + L_n) \quad (6.6)$$</td><td>$$L_{\Phi} = k \times L_m \quad (6.7)$$但不小于 L_i 的最大值($i = 1, \cdots, n$)
$n =$ 2 3 4 ≥5
$k =$ 1.2 1.3 1.4 1.5</td></tr>
</table>

表 6.2(续)

类型	结 构 构 件	确定性长度 L_{Φ}
5.3	门式刚架和封闭刚架或箱形主梁	
	—单跨	视为三跨连续梁(使用 5.2 时采用刚架或箱形构件的竖向和水平长度)
	—多跨	视为多跨连续梁(使用 5.2 时采用端部竖向和水平构件长度)
5.4	单拱、拱肋、系杆加劲梁	1/2 跨径
5.5	实腹式填料连拱	2 倍净跨径
5.6	吊杆(与加劲梁相连)	4 倍吊杆的纵向间距
结构支承		
6	柱、支架、支座、受拉支座、抗拉锚碇和支座下面接触压力计算	支承构件的确定性长度

6.4.5.4 动力效应折减

(1)当所有类型拱桥和混凝土桥梁上覆层厚度超过 1.00m 时,Φ_2和 Φ_3可按下式折减:

$$red\Phi_{2,3} = \Phi_{2,3} - \frac{h-1.00}{10} \geqslant 1.0 \tag{6.8}$$

式中:h——包括道砟在内的从桥跨结构顶部到轨枕底部的上覆层厚度(对拱桥是从拱背顶点算起)[m]。

(2)铁路交通荷载作用于长细比(屈曲长度/回转半径)<30 的柱,以及桥台、基础和挡土墙上产生的效应及土压力计算可不考虑动力效应。

6.4.6 动力分析的要求

6.4.6.1 荷载和荷载组合

6.4.6.1.1 加载

(1)P 动力分析应采用规定的实际列车荷载标准值。实际列车的选择应考虑每一类允许的或假设的列车形成,且可能会在结构上以超过 200km/h 行驶。

注 1:具体项目针对每一类实际列车形式,可规定其轴载标准值和轴间距。

注 2:当现场最大线路速度小于 200km/h 需要进行动力分析时,加载方式可参见 6.4.6.1.1(7)的规定。

(2)P 对于适用欧洲高速通用标准的国际线路,在桥梁设计时也应采用高速荷载模型(HSLM)进行动力分析。

注:当采用高速荷载模型(HSLM)时可根据具体项目做出相关规定。

(3)高速荷载模型(HSLM)由两列不同车长的通用列车组成,分别为 HSLM-A 和 HSLM-B。

注:按照 E.1 给出的欧洲互通技术规范要求,HSLM-A 和 HSLM-B 可共同表示铰接式、普通客车和普通高速客车的动力荷载效应。

(4)HSLM-A 见图 6.12 和表 6.3 中规定。

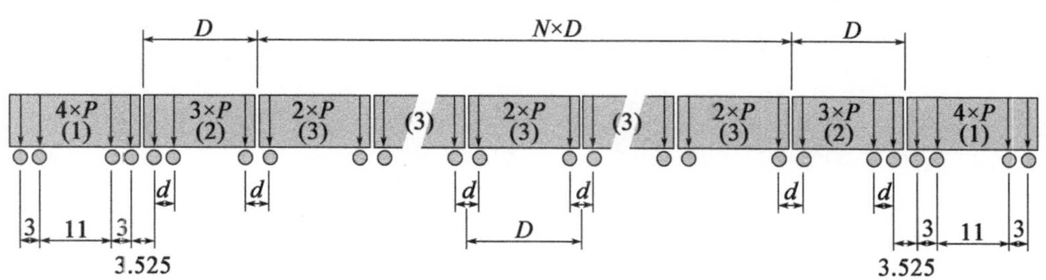

图注:(1)-动车(首节和末节动车一致)
(2)-端部车厢(首节和末节端部车厢一致)
(3)-中间车厢

图 6.12 HSLM-A

表 6.3 HSLM-A

通用列车编组	中间车厢数量 N	车厢长度 D[m]	转向架轴距 d[m]	集中荷载 P[kN]
A1	18	18	2.0	170
A2	17	19	3.5	200
A3	16	20	2.0	180
A4	15	21	3.0	190
A5	14	22	2.0	170
A6	13	23	2.0	180
A7	13	24	2.0	190
A8	12	25	2.5	190
A9	11	26	2.0	210
A10	11	27	2.0	210

(5)HSLM-B 包含等间距为 d[m]的 N 个 170kN 的集中荷载,其中 N 和 d 见图 6.13和图 6.14 中规定。

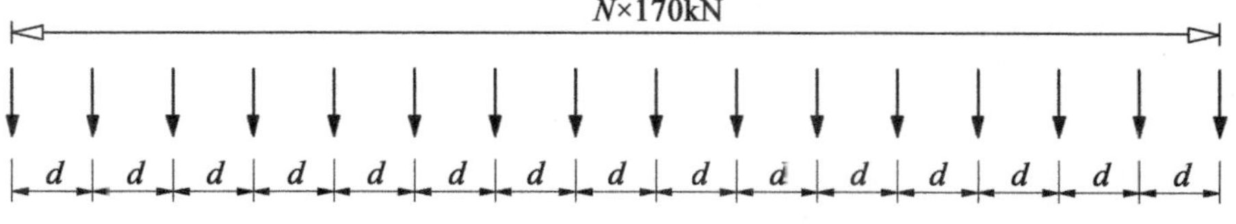

图 6.13 HSLM-B

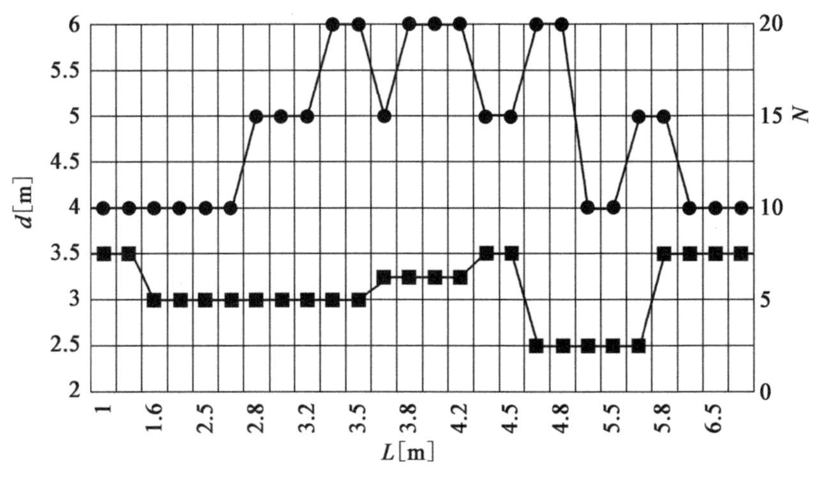

图 6.14 HSLM-B

其中 L 是跨径长度[m]。

(6)应按照表 6.4 中的要求应用 HSLM-A 或 HSLM-B。

表 6.4 HSLM-A 和 HSLM-B 的应用

结构形式	跨径	
	$L<7$m	$L\geqslant7$m
简支梁[a]	HSLM-B[b]	HSLM-A[c]
连续结构[a]或复杂结构[e]	HSLM-A 包含 A1~A10 列车编组[d]	HSLM-A 包含 A1~A10 列车编组[d]

[a]适用于仅有纵梁的桥梁，或刚性支承上斜交效应可忽略的具有简单板行为的桥梁。

[b]对于跨径不超过 7m 的简支梁，可按照 6.4.6.1.1(5)从 HSLM-B 中选择单个临界通用列车编组进行分析。

[c]对于跨径大于或等于 7m 的简支梁，可按照附录 E 从 HSLM-B 中选择单个临界通用列车编组进行动力分析(也可使用 A1~A10 通用列车编组)。

[d]A1~A10 所有列车编组应在设计中使用。

[e]任何不符合上述备注 a 的结构。例如：有明显扭转效应的斜交桥、有明显底板和主梁振动模态的中承式结构等。此外，对于有较明显底板振动模态的复杂结构(例如：具有低肋板的中承式或下承式桥梁)，也应使用 HSLM-B。

注：国家附件或具体项目可对 HSLM-A 和 HSLM-B 在连续和复杂结构上的应用作附加要求。

(7)当不满足图 6.10 中的频率限值且现场最大线路速度≤200km/h 时，应进行动力分析。动力分析应将 6.4.2 中动力性能影响因素考虑在内，并考虑：

—附录 D 中的列车组合类型 1~12；

—规定的实际列车。

注：动力分析的加载和分析方法可在具体项目中给出规定，并应经国家附件中规定的相关部门同意。

6.4.6.1.2 荷载组合和分项系数

(1)在动力分析中，对与自重和可移除荷载(道砟等)相关的质量计算，应采用密度的名义值。

(2)P　在动力分析中,应采用6.4.6.1.1(1) 和 (2),以及6.4.6.1.1(7)(若需要)中的荷载。

(3)在只对结构进行动力分析时,应按照表6.5对结构上的一条轨道(最不利的)进行加载。

表6.5　由轨道数量决定的附加荷载工况总结

桥上轨道数量	受载轨道	动力分析加载
1	一条轨道	每列实际列车和荷载模型(HSLM,若需要)在允许的运行方向行驶
2(两列列车反向运动)[a]	其中一条轨道	每列实际列车和荷载模型(HSLM,若需要)在允许的运行方向行驶
	另一条轨道	无
[a]对于承载2条轨道且通常情况下列车运行方向相同的桥梁,或承载3条或更多轨道且现场最高线路速度超过200km/h的桥梁,其加载应经国家附件中规定的相关部门同意		

(4)当在一条轨道上,动力分析的荷载效应超过6.4.6.5(3)中荷载模型71(对于连续结构采用荷载模型SW/0)的效应时,动力分析应与以下效应组合:

—承受动力分析加载的轨道水平荷载效应;

—按照6.8.1和表6.11的要求,作用在其他轨道上的竖向和水平荷载效应。

(5)P　当动力分析的荷载效应超过6.4.6.5(3)中荷载模型71(对于连续结构采用荷载模型SW/0)的效应时,动力分析得到的钢轨动力加载效应(弯矩、剪力、变形等,不包括加速度)应乘以EN 1990附录A2中的分项系数进行放大。

(6)P　当确定桥面板加速度时,分项系数不适用于6.4.6.1.1中给出的加载情况。加速度的计算值应直接与6.4.6.5中的设计值进行比较。

(7)关于疲劳,在桥梁设计时应考虑按照6.4.6.1.1对任一轨道加载至共振时所产生的附加疲劳效应。参见6.4.6.6。

6.4.6.2　需考虑的速度

(1)P　对于每个实际列车和高速荷载模型(HSLM),要考虑不超过最大设计速度的一系列速度。通常现场最大设计速度是最大线路速度的1.2倍。

应规定现场最大线路速度。

注1:具体项目可对现场最大线路速度做出规定。

注2:当具体项目有详细规定时,可采用折减速度验算具体实际列车,即采用1.2倍的列车最大允许速度。

注3:为考虑基础设施和未来机车车辆的潜在变化,在具体项目规定中推荐一个放大后的

现场最大线路速度。

注 4:结构会因共振而表现出较高的峰值响应。当存在列车超速或超出目前或可以预测到的现场最大线路速度的可能性时,建议动力分析中针对具体项目设定一个附加系数提高最大设计速度。

注 5:当要求对线路的一部分进行实际列车运行试验时,建议针对具体工程提出附加规定要求。实际列车最大设计速度至少是列车最大试运行速度的 1.2 倍。对于运行速度超过 200km/h 的结构,要求通过计算以验证结构的安全性指标(最大桥面加速度、最大荷载效应等)满足要求。疲劳和乘客舒适性指标无须采用 1.2 倍最大列车试运行速度来验算。

(2)应对从 40m/s 到 6.4.6.2(1)中规定的最大设计速度的一系列速度等级进行计算。在共振速度附近应采用较小的速度步幅。

对于可模拟为直线梁的简支梁桥,其共振速度可采用式(6.9)进行估算:

$$v_i = n_0 \lambda_i \tag{6.9}$$

且

$$40\text{m/s} \leqslant v_i \leqslant \text{最大设计速度} \tag{6.10}$$

式中:v_i——共振速度[m/s];

n_0——空载结构的一阶固有频率;

λ_i——激励频率的主波长,可按下式计算:

$$\lambda_i = \frac{d}{i} \tag{6.11}$$

式中:d——轴组间的正常间距;

$i = 1,2,3,4$。

6.4.6.3 桥梁参数

6.4.6.3.1 结构阻尼

(1)运行速度接近共振激励时的峰值响应在很大程度上取决于阻尼。

(2)P 应只使用阻尼的下限估计值。

(3)在动力分析中应使用表 6.6 的阻尼值。

表 6.6 设计时的阻尼假设值

桥梁类型	ζ 临界阻尼百分率的下限(%)	
	跨度 $L<20$m	跨度 $L \geqslant 20$m
钢结构和组合结构	$\zeta = 0.5 + 0.125\ (20 - L)$	$\zeta = 0.5$
预应力混凝土结构	$\zeta = 1.0 + 0.07(20 - L)$	$\zeta = 1.0$
填充梁和普通钢筋混凝土结构	$\zeta = 1.5 + 0.07(20 - L)$	$\zeta = 1.5$

注:备选的安全下限值应经国家附件中规定的相关部门同意后方可使用。

6.4.6.3.2 桥梁质量

(1)当多个加载频率和结构的固有频率一致时,在共振峰值时可能发生最大动力荷载效应。对结构质量的低估会导致对结构固有频率和列车共振速度的过高估计。

共振时结构的最大加速度和结构的质量成反比。

(2)P 两类特定情况下应考虑包含道砟和轨道在内的结构质量:

—预测最大桥面加速度的质量下限值,应使用道砟最小洁净干密度和最小厚度。

—预测可能导致共振效应的最低速度的质量上限值,应使用包含未来轨道抬高量在内的污染道砟最大饱和密度。

注:道砟的最小密度可取 1700kg/m^3。具体项目中可规定密度的备选值。

(3)在缺少具体试验数据的情况下,材料密度值可根据 EN 1991-1-1 来确定。

注:由于影响混凝土密度的参数很多,因而不能十分精确地得出用来计算桥梁动态响应的放大密度值。经国家附件中规定的相关部门同意,并按照 EN 1990、EN 1992 和 ISO 6784 的要求,通过试拌和现场取样测试确认后,可使用密度的备选值。

6.4.6.3.3 桥梁刚度

(1)当多个加载频率和结构的固有频率一致时,在共振峰值时可能发生最大动力荷载效应。对桥梁刚度的过高估计会导致对结构固有频率和列车共振速度的过高估计。

(2)P 应使用整个结构刚度的下限值。

(3)可根据 EN 1992 至 EN 1994 的规定来确定整体结构的刚度,包括结构构件刚度。

杨氏模量取值可参见 EN 1992 至 EN 1994。

当混凝土圆柱体抗压强度 $f_{ck} \geq 50N/mm^2$(立方体抗压强度 $f_{ck,\ cube} \geq 60N/mm^2$)时,静力杨氏模量($E_{cm}$)值应限制在混凝土强度为 $f_{ck} = 50N/mm^2$($f_{ck,cube} = 60N/mm^2$)时对应的静力杨氏模量。

注 1:由于影响 E_{cm} 的参数很多,因而不能十分精确地得到用于桥梁动力响应的杨氏模量放大值。经国家附件中规定的相关部门同意,并按照 EN 1990、EN 1992 和 ISO 6784 的要求,通过试拌和现场取样测试确认后,可使用放大的 E_{cm} 值。

注 2:其他材料特性应经国家附件中规定的相关部门同意后方可使用。

6.4.6.4 结构激励和动力性能模拟

(1)实际列车的动力效应可通过一列移动的集中荷载表示。可忽略车辆/结构质量相互作用效应。

分析应考虑列车全长范围内轴载的变化,以及单轴和轴组间距的变化。

(2)对于下列结构动力性能的分析应采用合理的分析方法:

—复杂结构的邻近频率及其相关的振动模态;

—弯扭耦合模态;

—桥面板局部构件性能(中承式桥或桁架桥的低肋板和横梁等);

—板的斜交性能等。

(3)加载长度小于 10m 时,采用一个单独集中荷载代表每一轴的荷载可能会过高估计动力效应。在这种情况下,要考虑轨道、枕木和道砟的荷载分布效应。

尽管有 6.3.6.2(1)的规定,然而在动力分析中不应将单个轴载沿纵向均匀分布。

(4)跨径小于 30m 时,车辆/桥梁质量相互作用效应会降低结构共振峰值响应。可通过以下计算来考虑这些效应:

—进行车辆/结构动力相互作用分析;

注:使用该方法应经国家附件中规定的相关部门同意。

—根据图 6.15 增加假定的结构阻尼。

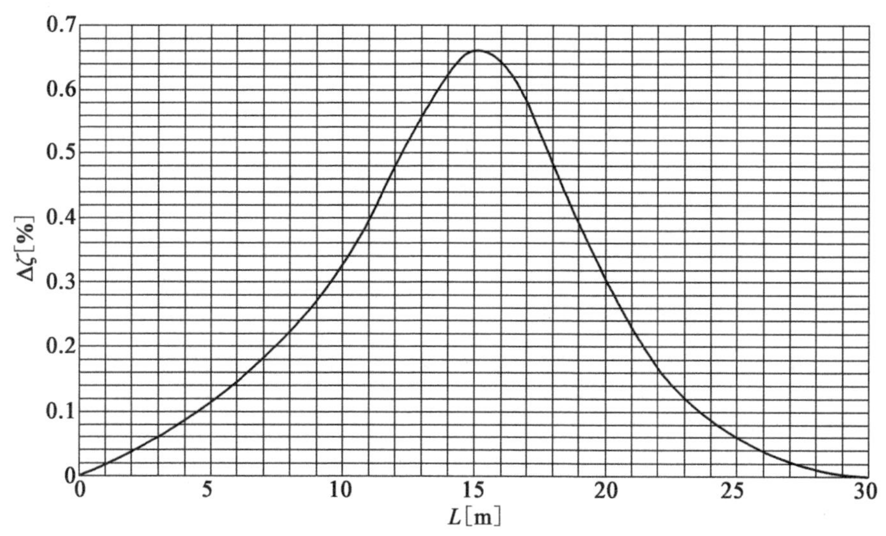

图 6.15 随跨径 L[m]变化的附加阻尼 $\Delta\zeta$[%]

对于连续梁桥,应使用所有跨径中 $\Delta\zeta$ 的最小值。总阻尼值用下式计算:

$$\zeta_{\text{TOTAL}} = \zeta + \Delta\zeta \tag{6.12}$$

注:国家附件可规定备选值。

其中:

$$\Delta\zeta = \frac{0.0187L - 0.00064L^2}{1 - 0.0441L - 0.0044L^2 + 0.000255L^3}[\%] \tag{6.13}$$

式中：ζ——6.4.6.3.1 中规定的临界阻尼百分比下限值(%)。

(5)由轨道和车辆缺陷引起的动力荷载效应(应力、变形、桥面板加速度等)的放大可采用下面系数进行估算：

$(1+\varphi''/2)$　对于精心养护轨道；

$(1+\varphi'')$　对于标准养护轨道。

式中：φ''——根据附录 C 取值，且不应小于 0。

注：国家附件可对该系数做出规定。

(6)当桥梁满足图 6.10 规定的上限值时，可认为 6.4.2 中确定的影响桥梁动力性能的因素(vii)~(xi)已在 6.4 和附录 C 给定的 Φ、$\varphi''/2$ 和 φ''中考虑。

6.4.6.5　极限状态验算

(1)P　为保证交通安全：

—应在正常使用极限状态下对桥面板最大加速度进行验算，以防止轨道失稳。

—荷载效应的动力放大应通过将静力荷载乘以 6.4.5 中规定的动力系数 Φ 来实现。如果有必要进行动力分析，应将动力分析的结果与乘以 Φ 的静力分析结果(若有要求，乘以 6.3.2 中给定的 α)进行比较，在桥梁设计中应使用最不利荷载效应。

—如果有必要进行动力分析，应根据 6.4.6.6 进行验算，以确定在高速和共振下的附加疲劳荷载是否包含在应力考虑范围内，此应力是由 $\Phi\times$荷载模型 71 产生的[若有要求，对连续梁桥使用 $\Phi\times$荷载模型 SW/0，以及根据 6.3.2(3)规定在需要时使用分类竖向荷载]。在设计中应使用最不利疲劳荷载。

(2)P　沿轨道轴线计算的桥面板最大允许加速度设计峰值不应超过 EN 1990 附录 A2 给出的推荐值(参见 A2.4.4.2.1)。

(3)应使用动力分析(若要求)确定下列动力放大系数：

$$\varphi'_{dyn} = \max|y_{dyn}/y_{stat}| - 1 \tag{6.14}$$

式中：y_{dyn}——最大动力响应和[AC1]删除的文本[/AC1]。

[AC1] y_{stat}——在实际列车或高速荷载模型 HSLM 作用下结构构件相应点产生的最大静力响应。[/AC1]

在桥梁设计中，考虑竖向交通荷载的所有效应，其最不利值为：

$$(1+\varphi'_{dyn}+\varphi''/2)\times\begin{pmatrix}\text{HSLM}\\ \text{或}\\ \text{RT}\end{pmatrix} \tag{6.15}$$

或

$$\Phi \times (\text{LM71}'' + ''\text{SW/0}) \tag{6.16}$$

式中：　HSLM——6.4.6.1.1(2)中规定的高速线路荷载模型；

LM71″+″SW/0——荷载模型71与相关的连续梁桥荷载模型SW/0[或需要时根据6.3.2(3)使用分类竖向荷载]；

RT——6.4.6.1.1中规定的所有实际列车产生的荷载；

$\varphi''/2$——根据附录C,对精心养护的轨道,由于轨道和列车缺陷造成的计算动力荷载效应(应力、挠度、桥面板加速度等)的增量(对于标准养护的轨道,使用φ'')；

Φ——6.4.5中规定的动力系数。

6.4.6.6 当要求进行动力分析时的附加疲劳验算

(1)P　结构的疲劳验算应考虑结构构件在相应的永久作用挠度上下振动产生的应力幅,应力的变化由以下因素引起：

—由高速运行时轴载冲击效应所产生的附加自由振动；

—共振时活载效应的幅值；

—共振时动力加载产生的应力附加循环。

(2)P　当实际列车的日常运行速度接近结构共振速度时,设计时应考虑共振效应产生的附加疲劳荷载。

注:具体项目可规定疲劳荷载,例如:构造、年载重、实际列车组合以及设计中所考虑的现场列车日常运行速度。

(3)当根据6.4.6.1.1(2)的高速荷载模型(HSLM)对桥梁进行设计时,疲劳荷载应将当前和远期交通流量的预估值考虑在内。

注:具体项目可规定疲劳荷载,例如:构造、年载重、实际列车组合以及设计中所考虑的现场列车日常运行速度。

(4)对于满足附录F的结构,可以采用式(6.9)和式(6.10)估算共振速度。

(5)对于疲劳验算,应考虑达到最大名义速度的一系列速度等级。

注:对于具体项目,推荐适当提高现场最大名义速度,以考虑基础结构和未来列车的潜在变化。

6.5 水平力——标准值

6.5.1 离心力

(1)P　当轨道沿桥梁全长或在某一段是曲线时,应考虑离心力和轨道超高。

(2)离心力沿平面向外作用于行走面以上 1.8m 高度处(图 1.1)。对于某些交通类型,例如:双层车厢,应规定一个增加值 h_t。

注:国家附件或具体项目可规定增加值 h_t。

(3)P 离心力一般应与竖向交通荷载组合。离心力不应乘以动力系数 Φ_2 或 Φ_3。

注:当考虑离心力的竖向效应时,离心力的竖向荷载效应因轨道超高而减小后,其值应乘以相关动力系数。

(4)P 离心力的标准值根据以下公式确定:

$$Q_{tk} = \frac{V^2}{g \times r}(f \times Q_{vk}) = \frac{V^2}{127r}(f \times Q_{vk}) \quad (6.17)$$

$$q_{tk} = \frac{V^2}{g \times r}(f \times q_{vk}) = \frac{V^2}{127r}(f \times q_{vk}) \quad (6.18)$$

式中:Q_{tk}、q_{tk}——离心力的标准值[kN, kN/m];

Q_{vk}、q_{vk}——6.3 中规定的荷载模型 71、SW/0、SW/2 和“空载列车”模型的竖向荷载标准值(不包括任何动力放大效应),对于高速荷载模型,应用荷载模型 71 来确定离心力标准值;

f——折减系数(见下文);

v——6.5.1(5)中规定的最大速度[m/s];

V——6.5.1(5)中规定的最大速度[km/h];

g——重力加速度[9.81m/s^2];

r——曲线半径[m]。

在半径变化的曲线上,r 值可取合适的平均值。

(5)P 计算应以规定的现场最大线路速度为基础。在使用荷载模型 SW/2 的情况下,可以假设一个最大速度备选值。

注 1:具体项目可规定相关要求。

注 2:在使用荷载模型 SW/2 的情况下,最大速度为 80 km/h。

注 3:为考虑基础设施和未来列车的潜在变化,推荐在具体工程中规定一个增大的现场最大线路速度。

(6)P 此外,对于曲线段桥梁,在不考虑离心力的前提下,应考虑 6.3.2 规定的加载工况,或在合适的情况下参考 6.3.3 的规定。

(7)对于荷载模型 71(有要求时,采用荷载模型 SW/0)和最大线路速度大于

120km/h 时，应考虑以下情形：

a）当 $V = 120$km/h 时，荷载模型 71（有要求时，采用荷载模型 SW/0）的动力系数和离心力依据式（6.17）和式（6.18）计算，并取 $f = 1$。

b）当规定了最大速度 V 时，荷载模型 71（有要求时，采用荷载模型 SW/0）的动力系数和离心力依据式（6.17）和式（6.18）计算，折减系数 f 由 6.5.1（8）确定。

（8）对于荷载模型 71（有要求时，采用荷载模型 SW/0），折减系数 f 通过下式给出：

$$f = \left[1 - \frac{V - 120}{1000}\left(\frac{814}{V} + 1.75\right)\left(1 - \sqrt{\frac{2.88}{L_f}}\right)\right] \tag{6.19}$$

最小值为 0.35。

式中：L_f——桥上曲线轨道加载段的影响长度，该长度对所考虑的结构构件设计最不利[m]；

V——根据 6.5.1（5）确定的最大速度。

$f = 1$，当 $V \leq 120$km/h 或 $L_f \leq 2.88$m 时；

$f < 1$，见表 6.7 或图 6.16 或式（6.19），当 120km/h $< V \leq$ 300km/h 且 $L_f >$ 2.88m 时；

$f(V) = f(300)$，当 $V >$ 300km/h 且 $L_f >$ 2.88m 时。

对于荷载模型 SW/2 和“空载列车”，折减系数 f 的值取 1.0。

表 6.7 荷载模型 71 和 SW/0 的折减系数 f

L_f[m]	6.5.1(5)规定的最大速度[km/h]				
	≤120	160	200	250	≥300
≤2.88	1.00	1.00	1.00	1.00	1.00
3	1.00	0.99	0.99	0.99	0.98
4	1.00	0.96	0.93	0.90	0.88
5	1.00	0.93	0.89	0.84	0.81
6	1.00	0.92	0.86	0.80	0.75
7	1.00	0.90	0.83	0.77	0.71
8	1.00	0.89	0.81	0.74	0.68
9	1.00	0.88	0.80	0.72	0.65
10	1.00	0.87	0.78	0.70	0.63
12	1.00	0.86	0.76	0.67	0.59

表 6.7 （续）

L_f[m]	6.5.1(5)规定的最大速度[km/h]				
	≤120	160	200	250	≥300
15	1.00	0.85	0.74	0.63	0.55
20	1.00	0.83	0.71	0.60	0.50
30	1.00	0.81	0.68	0.55	0.45
40	1.00	0.80	0.66	0.52	0.41
50	1.00	0.79	0.65	0.50	0.39
60	1.00	0.79	0.64	0.49	0.37
70	1.00	0.78	0.63	0.48	0.36
80	1.00	0.78	0.62	0.47	0.35
90	1.00	0.78	0.62	0.47	0.35
100	1.00	0.77	0.61	0.46	0.35
≥150	1.00	0.76	0.60	0.44	0.35

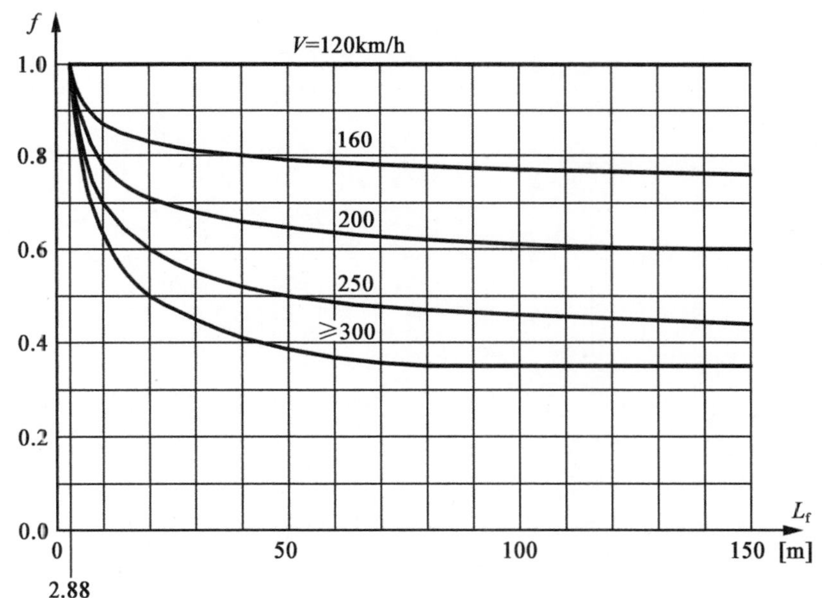

图 6.16 荷载模型 71 和 SW/0 的折减系数 f

(9)对于荷载模型 LM71 和 SW/0,应根据表 6.8 给定的荷载工况,采用分类竖向荷载[见 6.3.2(3)]并由式(6.17)和式(6.18)来确定离心力。

(10)6.5.1(5)、6.5.1(7) ~ 6.5.1(9)的规定不适用于最大允许速度超过 120km/h 的重型货运列车。对于速度超过 120km/h 的重型货运列车,应给出附加要求。

注:具体项目可规定附加要求。

表 6.8 根据 α 值和现场最大线路速度确定的离心力荷载工况

<table>
<tr><th rowspan="2">α 值</th><th rowspan="2">现场最大线路速度[km/h]</th><th colspan="4">离 心 力[d]</th><th rowspan="2">相关竖向交通荷载基于:[a]</th></tr>
<tr><th>V[km/h]</th><th>α</th><th>f</th><th></th></tr>
<tr><td rowspan="5">α < 1</td><td rowspan="3">> 120</td><td>V</td><td>1[c]</td><td>f</td><td>对于 6.5.1(7)b 的情形,1[c] ×f×(LM71″+″SW/0)</td><td>Φ×α×1×(LM71″+″SW/0)</td></tr>
<tr><td>120</td><td>α</td><td>1</td><td>对于 6.5.1(7)a 的情形,α×1×(LM71″+″SW/0)</td><td rowspan="4">Φ×α×1×(LM71″+″SW/0)</td></tr>
<tr><td>0</td><td>—</td><td>—</td><td>—</td></tr>
<tr><td rowspan="2">≤ 120</td><td>V</td><td>α</td><td>1</td><td>α×1×(LM71″+″SW/0)</td></tr>
<tr><td>0</td><td>—</td><td>—</td><td>—</td></tr>
<tr><td rowspan="5">α = 1</td><td rowspan="3">> 120</td><td>V</td><td>1</td><td>f</td><td>对于 6.5.1(7)b 的情形,1×f×(LM71″+″SW/0)</td><td>Φ×1×1×(LM71″+″SW/0)</td></tr>
<tr><td>120</td><td>1</td><td>1</td><td>对 6.5.1(7)a 的情形,1×1×(LM71″+″SW/0)</td><td rowspan="4">Φ×1×1×(LM71″+″SW/0)</td></tr>
<tr><td>0</td><td>—</td><td>—</td><td>—</td></tr>
<tr><td rowspan="2">≤ 120</td><td>V</td><td>1</td><td>1</td><td>1×1×(LM71″+″SW/0)</td></tr>
<tr><td>0</td><td>—</td><td>—</td><td>—</td></tr>
<tr><td rowspan="5">α > 1</td><td rowspan="3">>120[b]</td><td>V</td><td>1</td><td>f</td><td>对于 6.5.1(7)b 的情形,1×f×(LM71″+″SW/0)</td><td>Φ×1×1×(LM71″+″SW/0)</td></tr>
<tr><td>120</td><td>α</td><td>1</td><td>对于 6.5.1(7)a 的情形,α×1×(LM71″+″SW/0)</td><td rowspan="4">Φ×α×1×(LM71″+″SW/0)</td></tr>
<tr><td>0</td><td>—</td><td>—</td><td>—</td></tr>
<tr><td rowspan="2">≤ 120</td><td>V</td><td>α</td><td>1</td><td>α×1×(LM71″+″SW/0)</td></tr>
<tr><td>0</td><td>—</td><td>—</td><td>—</td></tr>
<tr><td colspan="7">[a]当竖向交通荷载有利时,用 0.5×(LM71″+″SW/0)替代(LM71″+″SW/0)。
[b]适用于最大速度为 120 km/h 的重型货运列车。
[c]取 α=1 以避免重复采用 f 对列车质量进行折减。
[d]见 6.5.1(3)中关于离心力竖向效应的部分内容。离心力竖向效应因超高减小后,其值应乘以相关的动力系数提高。在确定离心力的竖向效应时,应包括上面所示的系数 f。</td></tr>
</table>

表中: V——6.5.1(5)中规定的最大速度[km/h];
f——6.5.1(8)中规定的折减系数;
α——6.3.2(3)中规定的分类竖向荷载系数;
LM71″+″SW/0——荷载模型 71 与相关的连续梁桥荷载模型 SW/0 相加之和。

6.5.2 摇摆力

(1)P 摇摆力应认为是水平作用于轨道顶面的集中力,并垂直于轨道的中心线。它同时适用于直线和曲线轨道。

(2)P　摇摆力的标准值取 $Q_{sk}=100\text{kN}$。其值不应乘以动力放大系数 Φ(见6.4.5)或6.5.1(4)中的折减系数 f。

(3)当 $\alpha\geqslant1$ 时,6.5.2(2)中的摇摆力标准值应乘以6.3.2(3)中的系数 α。

(4)P　摇摆力一般应始终与竖向交通荷载组合。

6.5.3　牵引力和制动力

(1)P　牵引力和制动力沿轨道纵向作用于轨道顶面。对于所考虑的结构构件,应认为牵引力和制动力效应在其相应的影响长度 $L_{a,b}$ 范围内均匀分布。牵引力和制动力的方向应考虑每条轨道上列车的行进方向。

(2)P　牵引力和制动力的标准值按下式取值:

牵引力　$$Q_{lak}=33\ [\text{kN/m}]\ L_{a,b}[\text{m}]\leqslant1000[\text{kN}] \tag{6.20}$$

(对荷载模型71、SW/0、SW/2 和 HSLM)

制动力　$$Q_{lbk}=20\ [\text{kN/m}]\ L_{a,b}[\text{m}]\leqslant6000[\text{kN}] \tag{6.21}$$

(对荷载模型71、SW/0 和 HSLM)

$$Q_{lbk}=35[\text{kN/m}]\ L_{a,b}[\text{m}] \tag{6.22}$$

(对荷载模型 SW/2)

牵引力和制动力的标准值不应乘以动力放大系数 Φ(见6.4.5.2)或6.5.1(6)中的折减系数 f。

注1:对于荷载模型 SW/0 和 SW/2,牵引力和制动力只需要施加于如图6.2 和表6.1 所示的结构受载部分。

注2:荷载模型“空载列车”可不计牵引力和制动力。

(3)这些标准值适用于所有类型的轨道结构,例如:无论是否有伸缩装置的无缝钢轨或有缝钢轨。

(4)上述荷载模型71 和 SW/0 的牵引力和制动力应乘以6.3.2(3)中的系数 α。

(5)当加载长度大于300m 时,在考虑制动效应时要有附加要求。

注:国家附件或具体项目中可规定附加要求。

(6)对于承受特殊交通荷载的线路(如:只限于高速客运列车),牵引力和制动力可取轴载之和(实际列车)的25%,其中轴载作用于所考虑构件作用效应的影响长度上,Q_{lak} 最大值为1000kN,Q_{lbk} 最大值为6000kN。对承受特殊交通的线路可规定相关的加载细节。

注1:具体项目可规定相关要求。

注2:当在具体项目中根据上述规定对牵引力和制动力进行折减时,应考虑线路上的其他

允许交通类型,如:轨道维护车等。

(7)P　牵引力和制动力需要与相应的竖向荷载组合。

(8)当轨道在桥的一端或两端连续时,只有一部分牵引力或制动力通过桥跨结构传递到支座,其余部分的力通过轨道传递至桥台。通过桥跨结构传递荷载的比例应根据6.5.4中考虑结构和轨道的组合响应来确定。

(9)P　桥梁上承载两条或多条轨道时,一条轨道上的制动力应与另一轨道上的牵引力同时考虑。

当两条或多条轨道具有相同的允许运行方向时,必须考虑两条轨道上的牵引力或制动力。

注:当桥梁上承载两条或多条具有相同允许运行方向的轨道时,国家附件可规定牵引力和制动力应用的备选要求。

6.5.4　可变作用下结构和轨道的组合响应

6.5.4.1　一般原则

(1)当钢轨连续而轨道支承不连续时(如桥梁和路堤之间),桥梁结构(桥跨结构、支座和下部结构)和轨道(钢轨、道砟等)共同抵抗由牵引或制动引起的纵向作用。纵向作用一部分通过钢轨传递给桥台后的路堤,另一部分通过桥梁支座和下部结构传递至基础。

注:无论轨道是修筑在路堤、地面还是路堑上,6.5.4中关于路堤的参考条款也适用于路基或邻近桥梁的轨道下的地基。

(2)当连续的轨道约束桥跨结构的自由运动时,桥跨结构的变形(例如:由于温度变化、竖向加载、徐变和收缩等因素引起)会在轨道和桥梁固定支座内产生纵向力。

(3)P　在可变作用下桥梁上部结构、固定支座、下部结构的设计和钢轨的荷载效应验算,应考虑由结构和轨道组合响应引起的效应。

(4)6.5.4中的要求适用于传统有砟轨道。

(5)应明确规定对无砟轨道的要求。

注:国家附件或具体项目中可针对无砟轨道做出具体要求。

6.5.4.2　影响结构和轨道组合响应的参数

(1)P　应在分析中考虑下列影响结构和轨道组合性能的参数:

a)结构构形;

—简支梁、连续梁或一组梁；

—桥跨结构的数量和每个桥跨结构的长度；

—桥跨的数量和每一跨长度；

—固定支座位置；

—温度固定点位置；

—温度固定点和桥跨结构端点之间的伸缩长度 L_T，见图 6.17。

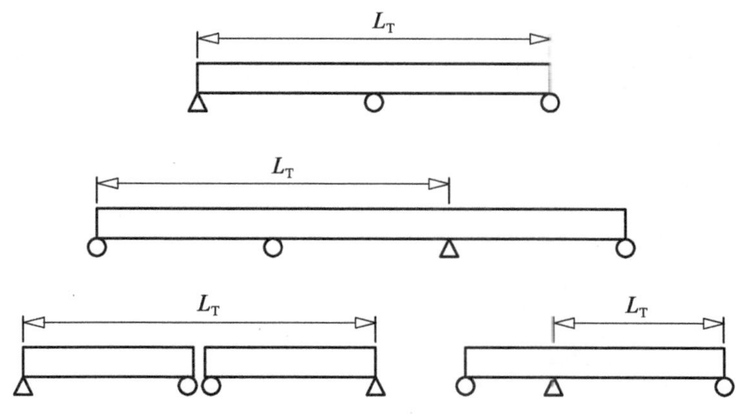

图 6.17　伸缩长度 L_T 的示例

b)轨道构成：

—有砟轨道和无砟轨道系统；

—桥面板上表面和轨道中性层之间的竖向距离；

—轨道伸缩装置位置。

注：具体项目在考虑保证伸缩装置有效性的基础上可对伸缩装置位置提出要求，同时需确保伸缩装置不会因靠近桥跨结构端部等而受到弯曲效应的不利影响。

c)结构特性：

—桥跨结构的竖向刚度；

—桥跨结构中性轴和桥跨结构上表面的竖向距离；

—桥跨结构中性轴和支座转动轴之间的竖向距离；

—桥跨结构转动引起的支座处纵向位移；

—定义为总刚度的结构纵向刚度，表征下部结构抵抗轨道纵向作用的能力，考虑了支座、下部结构和基础刚度。

例如，单墩的纵向整体刚度为：

$$K = \frac{F_1}{\delta_p + \delta_\varphi + \delta_h} \tag{6.23}$$

这种情况可用下面的示例表示：

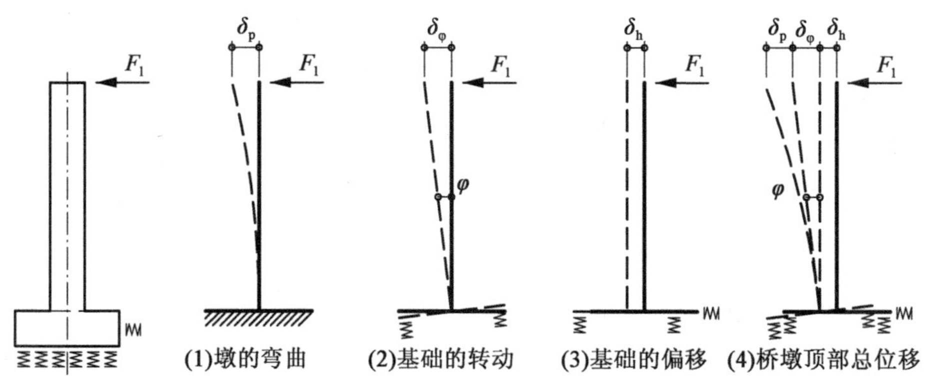

图 6.18　确定支座处纵向等效刚度示例

d)轨道特性:

—钢轨轴向刚度;

—轨道或钢轨抵抗纵向位移产生的抗力,考虑两者其一:

—抵抗道砟中的轨道(钢轨或轨枕)相对于道砟底部位移产生的抗力;

—抵抗钢轨与扣件和支承结构之间相对位移产生的抗力,如:冻土道砟或有直接扣件的钢轨。

其中抵抗位移产生的抗力表示为单位长度内轨道抵抗位移产生的力,是钢轨和支承桥面或路堤之间相对位移的函数。

6.5.4.3　需要考虑的作用

(1)P　以下作用应予以考虑:

—6.5.3 中规定的牵引力和制动力;

—结构和轨道组合系统的温度效应;

—分类竖向交通荷载(有要求时包括 SW/0 和 SW/2)。可忽略相关动力效应。

注:可以忽略空载列车和高速荷载模型(HSLM)作用下结构和轨道之间的组合响应。

—在确定相关梁端的转角以及纵向位移时,应考虑如徐变、收缩、温度梯度等其他作用。

(2)桥梁温度变化应取为 ΔT_N(见 EN 1991-1-5),其中 γ 和 ψ 取 1.0。

注 1:国家附件可规定 ΔT_N 的备选值。推荐采用 EN 1991-1-5 中的给定值。

注 2:为简化计算,可将上部结构的温度变化考虑为 $\Delta T_N = \pm 35$K。国家附件或具体项目可规定备选值。

(3)当确定轨道和结构受到牵引力和制动力组合响应时,除非在邻近路堤处对铁路交通接近、通过和离开铁路桥进行完整分析并评估最不利荷载效应,否则牵引力和制动力不应施加在邻近路堤处。

6.5.4.4 轨道/结构组合系统的模拟和计算

(1)可使用图6.19的模型,确定轨道/结构组合系统的荷载效应。

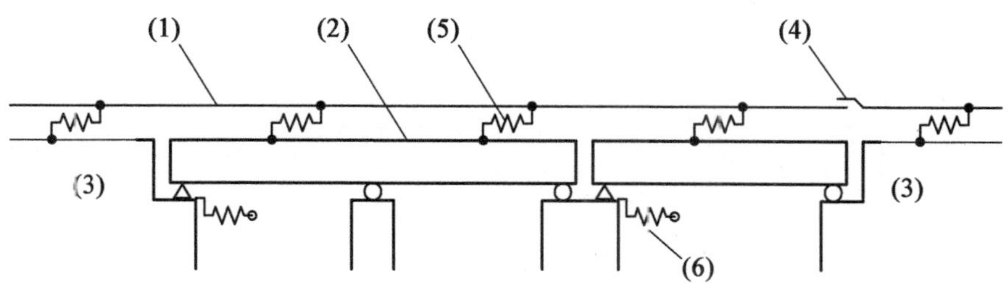

图注:(1)-轨道

(2)-上部结构(图中给出了一个两跨桥跨结构和一个单跨桥跨结构)

(3)-路堤

(4)-钢轨伸缩装置(如果有)

(5)-表示轨道纵向荷载/位移性能的纵向非线性弹簧等

(6)-考虑了基础、桥墩和支座等刚度的固定支座相对于桥跨结构的纵向刚度 K

图6.19 轨道/结构系统模型示例

(2)轨道或钢轨支承的纵向荷载/位移性能可由图6.20中所示关系表示,初始是弹性剪切抗力[每延米轨道位移抗力,kN/m],然后是大小为 k 的塑性剪切抗力[每延米轨道抗力,kN/m]。

注1:国家附件或经国家附件规定的相关部门同意可给定钢轨/道砟/桥梁刚度分析所需的纵向抗力值。

注2:图6.20中描述性能在大多数情况下有效(但不包括未采用常规扣件的埋置式钢轨等)。

(3)P 当可以合理预测轨道性能在未来的变化时,应按照规定在计算中予以考虑。

注:具体项目可规定相关要求。

(4)P 为计算总的纵向支承反力 F_L 并将钢轨整体等效应力与容许值作比较,整体[AC1]效应应按下式进行计算[AC1]:

$$F_L = \sum \psi_{0i} F_{li} \quad (6.24)$$

式中:F_{li}——单独由第 i 个作用引起的纵向支承反力;

ψ_{0i}——在计算上部结构、支座和下部结构的荷载效应时,应使用EN 1990附录A2中规定的组合系数;在计算钢轨应力时,ψ_{0i} 应取1.0。

(5)当确定每个作用的效应时,应考虑图6.20中轨道刚度的非线性行为。

(6)每个作用在钢轨和支座中所产生的纵向力可以采用线性叠加法组合。

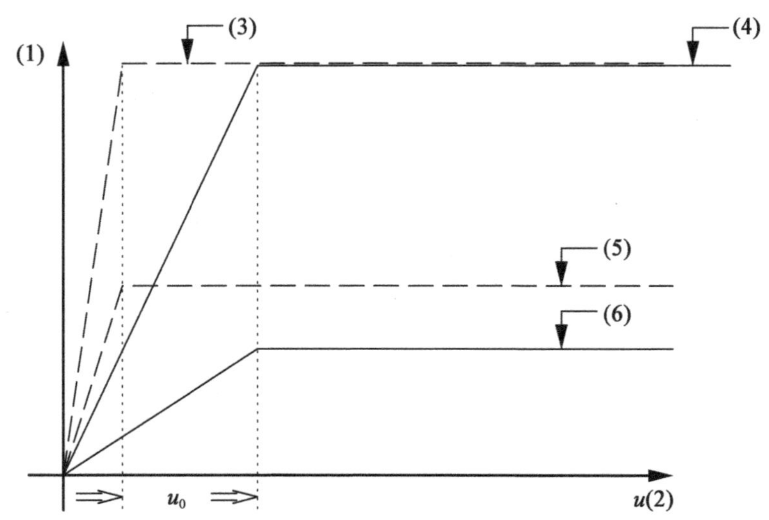

图注:(1)-单位长度轨道纵向剪力

(2)-钢轨相对于支承桥面顶部的位移

(3)-钢轨与轨枕之间的抗力(受载轨道)

(具有常规扣件的冻结道砟轨道或无砟轨道)

(4)-轨枕与道砟之间的抗力(受载轨道)

(5)-钢轨与轨枕之间的抗力(未受载轨道)

(具有常规扣件的冻结道砟轨道或无砟轨道)

(6)-轨枕与道砟之间的抗力(未受载轨道)

图 6.20 单根轨道上纵向剪力随轨道纵向位移的变化

6.5.4.5 设计准则

注:国家附件可规定其他要求。

6.5.4.5.1 轨道

(1)对于桥梁上和相邻桥台上的钢轨,由可变作用下结构和轨道组合响应引起的钢轨容许附加应力应在以下设计值内:

—受压 72N/mm^2;

—受拉 92N/mm^2。

(2)6.5.4.5.1(1)中给出的钢轨应力限值需要符合以下要求才有效:

—UIC60 钢轨,拉伸强度不小于 900N/mm^2;

—直线轨道或轨道半径 $r \geq 1500$m;

注:有附加横向约束的有砟轨道和直接固定的轨道,轨道半径最小值在经过国家附件规定的相关部门同意后可以适当减小。

—轨枕最大间距为 65cm 或等轨距施工的重型混凝土轨枕有砟轨道;

—轨枕下有 30cm 厚捣实道砟的有砟轨道。

如不满足上述标准,应进行特殊研究或提供附加措施。

注:对于其他轨道建造标准(特别是那些影响横向抗力的情况)和其他类型的钢轨,推荐使用国家附件或具体项目中规定的钢轨最大附加应力。

6.5.4.5.2　结构变形限值

(1)P　牵引和制动作用引起的位移 δ_B[mm]不应超过下列限值:

—对于无钢轨伸缩装置或在桥跨结构一端有一个钢轨伸缩装置的连续焊接钢轨,为 5mm;

—对于桥跨结构两端有钢轨伸缩装置且道砟连续的情形,为 30mm;

—只有当道砟具有一定的活动间隙且钢轨有伸缩装置时,允许位移量超过 30mm。

其中 δ_B[mm]是:

—桥跨结构端部和相邻桥台的相对纵向位移;

—两个连续桥跨结构之间的相对纵向位移。

(2)P　对于竖向交通荷载[至多为两条使用荷载模型 LM71 的受载轨道(需要时,采用荷载模型 SW/0 时)],δ_H不应超过下列值:

—当考虑结构和轨道的组合性能时,为 8mm(适用于每条轨道只有一个或无伸缩装置);

—当不考虑结构和轨道的组合性能时,为 10mm。

其中 δ_H[mm]是:

—桥跨结构变形引起的端部上表面纵向位移。

注:当钢轨中的允许附加应力超过 6.5.4.5.1(1)的规定,或桥跨结构纵向位移超过 6.5.4.5.2(1)或 6.5.4.5.2(2)的规定时,需要改变结构或设置钢轨伸缩装置。

(3)P　由可变作用引起的桥跨结构顶面相对于邻近构筑物(桥台或其他桥跨结构)的竖向位移 δ_V[mm]不应超过下列值:

—现场最大线路速度不超过 160km/h 时,取 3mm;

—现场最大线路速度超过 160km/h 时,取 2mm。

(4)P　对直接扣紧的钢轨,应对作用于轨道支承的上拔力(在竖向交通荷载作用下)和扣件系统进行验算,验算其是否满足相关极限状态(包括疲劳)性能特征。

6.5.4.6　计算方法

注:国家附件或具体项目中可规定其他备选计算方法。

(1)下列计算方法能够对轨道和结构的组合响应是否满足 6.5.4.5 提出的设计准则进行验算。有砟桥面的设计准则可归纳为:

a)桥跨结构端部的相对纵向位移可以分解为由制动和牵引作用引起的 δ_B 和由桥跨结构竖向变形引起的 δ_H 两部分,以便与允许值进行对比;

b)钢轨中的最大附加应力;

c)桥跨结构端部的最大相对竖向位移 δ_V。

对于直接固支的桥跨结构,应按 6.5.4.5.2(4)的规定对上拔力进行验算。

(2)在 6.5.4.6.1 中,对于伸缩长度 L_T 不超过 40m 的简支结构或由单个桥跨结构和轨道组成的连续结构,给出了估算结构在可变作用下组合响应的简化计算方法。

(3)对于不满足 6.5.4.6.1 要求的结构,附录 G 中给出了确定可变作用下结构和轨道组合响应的计算方法:

—简支结构或由单个桥跨结构组成的连续结构;

—由一连串简支桥跨结构组成的结构;

—由一连串连续单个桥跨结构组成的结构。

(4)对于其他轨道或结构形式,可按照 6.5.4.2 ~ 6.5.4.5 的要求进行分析。

6.5.4.6.1　单个桥跨结构简化计算方法

(1)由单个桥跨结构组成的上部结构(简支跨、在端部或中间设固定支座的连续跨),在满足下列条件时不必验算钢轨应力:

—下部结构有足够刚度 K 限制牵引和制动作用引起的桥跨结构纵向位移 δ_B,且不超过 6.5.4.6.1(2)(有要求时按照 6.3.2(3)中的分类)规定的最大位移值 5mm。在确定位移值时,应考虑 6.5.4.2(1)中给定的结构形式和性能;

—对于竖向交通荷载产生的位移 δ_H,由桥跨结构变形引起的桥跨结构端部上表面纵向位移不超过 5mm;

—伸缩长度 L_T 小于 40m。

注:国家附件中可规定备选限值。推荐采用条款中给出的限值。

(2)6.5.4.6.1 中计算方法的有效性限制如下:

—轨道符合 6.5.4.5.1(2)中给出的建造要求;

—轨道纵向塑性剪切抗力:

空载轨道　k = 20 ~ 40kN/每延米轨道;

受载轨道　k = 60kN/每延米轨道。

—竖向交通荷载:

荷载模型 71(需要时采用荷载模型 SW/0),按照 6.3.2(3)要求取$\alpha=1$;

荷载模型 SW/2。

注:只有当α值满足$\alpha\times$LM71 荷载效应小于或等于 SW/2 荷载效应时,该计算方法是有效的。

—制动引起的作用:

荷载模型 71(需要时采用荷载模型 SW/0)和高速荷载模型(HSLM):

$q_{lbk}=20\text{kN/m}$;

荷载模型 SW/2:

$q_{lbk}=35\text{kN/m}$。

—牵引引起的作用:

$q_{lbk}=33\text{kN/m}$,Q_{lak}最大值为 1000kN。

—温度引起的作用:

桥面板温度变化值 ΔT_D:$\Delta T_D\leqslant 35\text{K}$;

轨道温度变化值 ΔT_R:$\Delta T_R\leqslant 50\text{K}$;

钢轨和轨道最大温度差:

$$\left|\Delta T_D-\Delta T_R\right|\leqslant 20\text{K} \tag{6.25}$$

(3)由牵引和制动作用在固定支座上引起的纵向力可通过牵引力和制动力乘以表 6.9 给出的折减系数ξ得到。

表 6.9 确定牵引和制动作用下单个桥跨结构固定支座处纵向力的折减系数ξ

结构总长[m]	折减系数ξ		
≤40	连续轨道 0.60	桥跨结构一端有钢轨伸缩装置 0.70	桥跨结构两端都有钢轨伸缩装置 1.00

注:对门式刚架和封闭框架或箱梁,建议折减系数取 1。ξ可使用附录 G 中的方法或按 6.5.4.2~6.5.4.5 中的规定进行分析。

(4)由温度变化引起的作用于固定支座上的每个轨道纵向力标准值 F_{Tk}(根据 6.5.4.3)可以通过以下公式得到:

—对于钢轨在桥跨结构两端连续焊接和桥跨结构一端设固定支座的桥梁:

$$F_{Tk}[\text{kN}]=\pm 0.6kL_T \tag{6.26}$$

式中:k——根据 6.5.4.4(2)得到的空载轨道单位长度纵向塑性剪切抗力[kN/m];

L_T——根据 6.5.4.2(1)得到的伸缩长度[m]。

—对于钢轨在桥跨结构两端连续焊接且固定支座安装在距离桥跨结构两端分别为 L_1 和 L_2 的桥梁：

$$F_{Tk}[kN] = \pm 0.6k(L_2 - L_1) \quad (6.27)$$

式中：k——根据6.5.4.4(2)得到的空载轨道单位长度纵向塑性剪切抗力[kN/m]；

L_1、L_2——根据图6.21取值[m]。

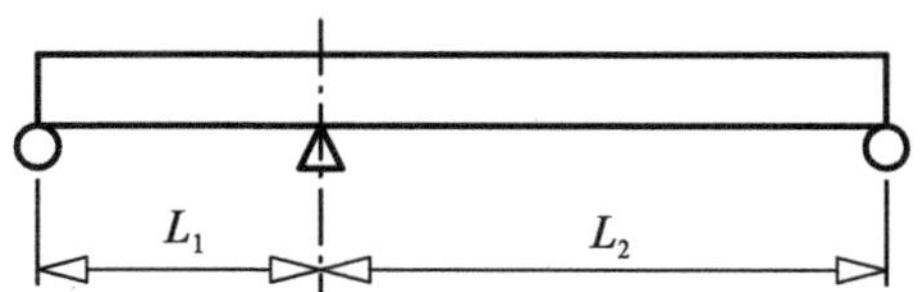

图6.21 固定支座不在端部的桥跨结构[1]

注：(1) L_1 或 L_2 对应的桥跨结构可能由一跨或多跨组成。

—对于钢轨在设固定支座的桥跨结构端部处连续焊接且在自由端设钢轨伸缩装置的桥梁：

$$F_{Tk}[kN] = \pm 20L_T\text{，且 } F_{Tk} \leqslant 1100kN \quad (6.28)$$

式中：L_T——根据6.5.4.2(1)得到的伸缩长度[m]。

—对于两端均设钢轨伸缩装置的桥跨结构：

$$F_{Tk} = 0 \quad (6.29)$$

注：对于满足6.5.4.5.1(2)要求的轨道，k 值可从附录G2(3)中获取。国家附件可规定 k 的备选值。

(5)由桥跨结构变形引起的作用于固定支座上每条轨道纵向力标准值 F_{Qk} 可按如下规定得到：

—对于钢轨在桥跨结构两端连续焊接、固定支座安装在桥跨结构一端并且在桥跨结构自由端设有钢轨伸缩装置的桥梁：

$$F_{Qk}[kN] = \pm 20L \quad (6.30)$$

式中：L——靠近固定支座的第一跨长度[m]。

—对于在桥跨结构两端均设钢轨伸缩装置的桥梁：

$$F_{Qk}[kN] = 0 \quad (6.31)$$

(6)在可变荷载作用下，计算桥跨结构上表面相对于邻近构造物（桥台或另一桥跨结构）竖向位移时可以忽略轨道和结构的组合响应，并根据6.5.4.5.2(3)的准则进行验算。

6.6 移动列车的气动作用

6.6.1 一般规定

(1)P 在设计邻近铁路轨道的结构时应考虑移动列车的气动作用。

(2)铁路交通通过时会对轨道附近的结构施加交替变化的压力和吸力(图6.22~图6.25)。其大小取决于:

—列车速度的平方;

—列车的气动外形;

—结构的外形;

—结构的位置,特别是列车和结构之间的净距。

(3)当进行承载能力极限状态和正常使用极限状态以及疲劳验算时,气动作用可以近似为施加于列车头部和尾部的等效荷载。等效荷载标准值在6.6.2~6.6.6中给出。

注:国家附件或具体项目可规定备选值。推荐采用6.6.2~6.6.6中的取值。

(4)在6.6.2~6.6.6中,应该把最大设计速度 V[km/h]作为现场最大线路速度,EN 1990 的 A2.2.4(6)中涉及的情况除外。

(5)在轨道邻近结构的起点和终点,平行于轨道方向的起点和终点5m长度范围内,6.6.2~6.6.6中的等效荷载应乘以2.0的动力放大系数。

注:对于动力敏感结构,上述动力放大系数可能不够准确,需要通过专题研究确定。研究应考虑结构的动力特性,包括支承条件和端部条件、相邻铁路交通的速度,以及结构的气动作用和动力响应(包括结构中产生的挠度波速)。另外,对于动力敏感结构,处于结构起点和终点的中间部分需考虑动力放大系数。

6.6.2 平行于轨道的简单竖直平面(如声屏障)

(1)作用的标准值 $\pm q_{1k}$ 在图6.22中给出。

(2)作用于具有不利气动外形的列车上的荷载标准值可按下列方法折减:

—对于具有光滑侧面的列车,系数 $k_1 = 0.85$;

—流线型列车(如 ETR、ICE、TGV、欧洲之星或相似类型列车),系数 $k_1 = 0.6$。

(3)如果考虑高度≤1.00m、长度≤2.50m的一小部分墙体,如声屏障的一个单元,则应通过系数 $k_2 = 1.3$ 来增大 q_{1k}。

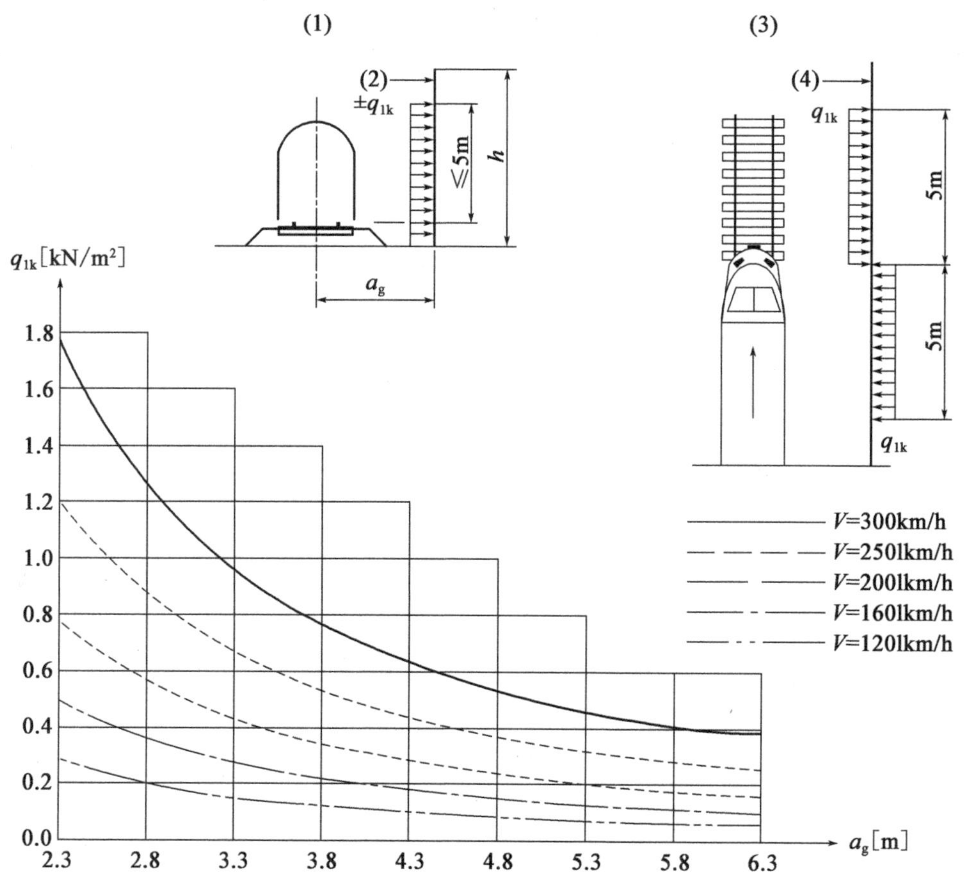

图注:(1)-横截面

(2)-结构表面

(3)-平面

(4)-结构表面

图 6.22　平行于轨道的简单竖直平面上作用的标准值 q_{1k}

6.6.3　轨道上方的简单水平平面(如上方保护结构)

(1)作用的标准值 ± q_{2k} 在图 6.23 中给出。

(2)所研究结构构件的加载宽度最多从轨道中心线向两侧延伸 10m。

(3)当两列列车反向行驶时,作用应增加。只考虑两条轨道上列车的荷载。

(4)作用 q_{2k} 可通过 6.6.2 规定的系数 k_1 进行折减。

(5)施加在横跨轨道的宽体结构边缘的作用,在不超过 1.5m 的宽度内应乘以系数 0.75。

6.6.4　邻近轨道的简单水平平面(无竖墙的站台雨棚)

(1)作用的标准值 ± q_{3k} 在图 6.24 中给出,施加时不考虑列车气动外形。

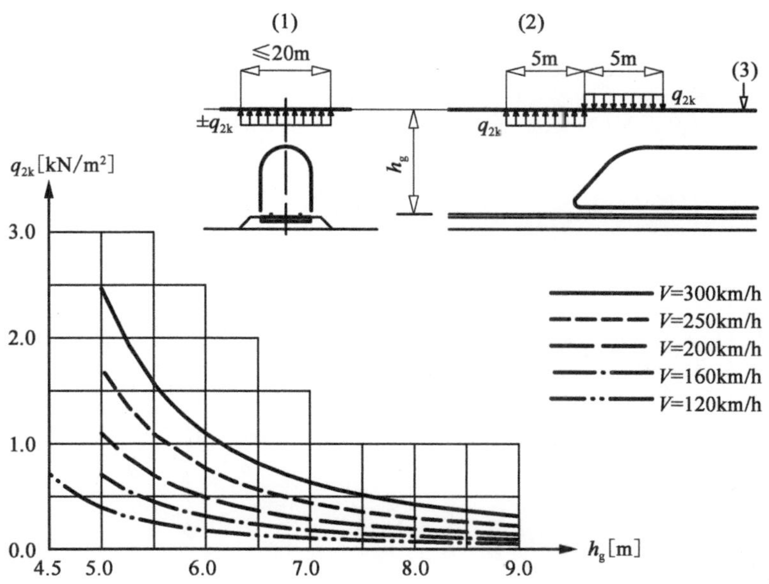

图注:(1)-横截面

(2)-立面

(3)-结构下侧

图 6.23 轨道上方的简单水平平面上作用的标准值 q_{2k}

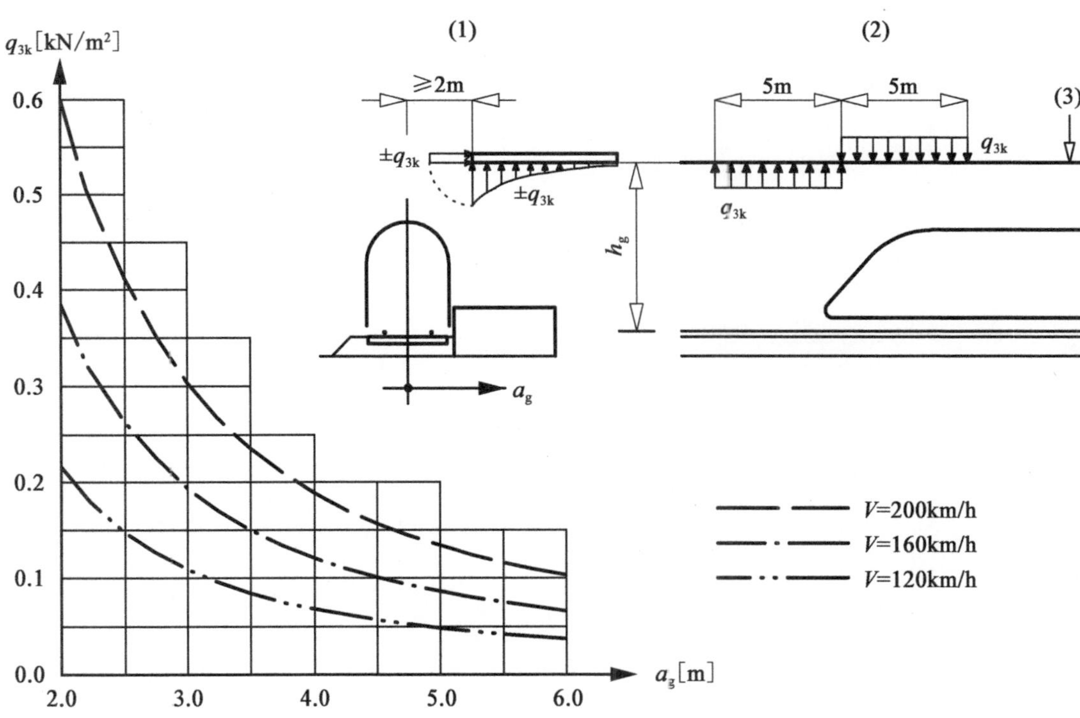

图注:(1)-横截面

(2)-立面

(3)-结构下侧

图 6.24 邻近轨道的简单水平平面作用 q_{3k} 标准值

(2)对于要设计的结构沿线的每一个位置,q_{3k}应视为距轨道最近距离 a_g 的函数。如果在所考虑结构构件的任一侧有轨道,应增加作用。

(3)如果距离 h_g超过3.8m,作用 q_{3k}可通过系数 k_3折减:

当3.8m < h_g <7.5m 时 $$k_3 = \frac{7.5 - h_g}{3.7} \tag{6.32}$$

当 h_g >7.5m 时 $$k_3 = 0 \tag{6.33}$$

式中:h_g——从轨道平面到结构下侧的距离。

6.6.5 **轨道沿线具有竖直面、水平面或倾斜面的多面结构**(如弯曲声屏障、带竖墙的站台雨棚等)

(1)图6.25 中给出的作用标准值 ± q_{4k}应沿所考虑表面的法线方向施加。作用应依据图6.22 取值,其中轨道距离取如下最小值:

$$a'_g = 0.6\min a_g + 0.4\max a_g \quad 或 \quad 6\text{m} \tag{6.34}$$

其中 min a_g和 max a_g在图6.25 中示出。

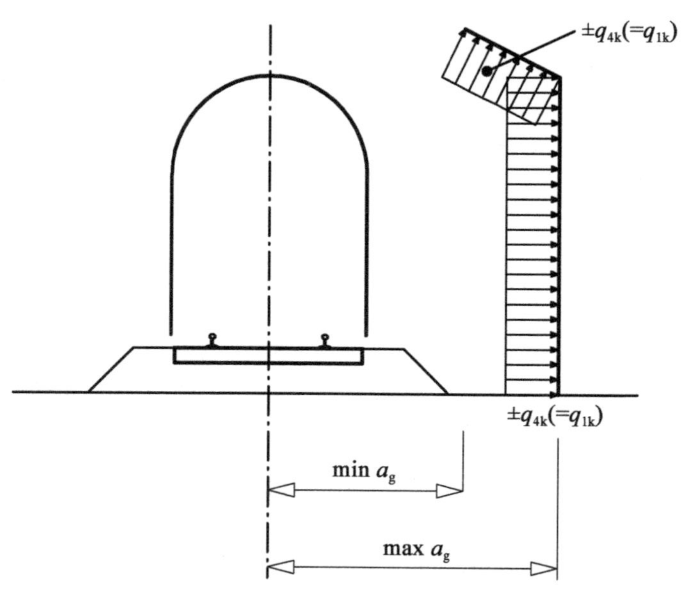

图6.25 距轨道中心线 min a_g和 max a_g的规定

(2)如果 max a_g >6m,应取 max a_g =6m。

(3)应采用6.6.2 规定的系数 k_1和 k_2。

6.6.6 **在有限长度(不超过20m)范围包围轨道结构限界的面**(轨道之上的水平面和至少一个竖墙,如脚手架、临时建筑)

(1)作用施加时不考虑列车的气动外形:

—对于竖直面的全高范围:

$$\pm k_4 q_{1k} \tag{6.35}$$

式中:q_{1k}——根据6.6.2确定;

$k_4=2$。

—对于水平面:

$$\pm k_5 q_{2k} \tag{6.36}$$

式中:q_{2k}——对于单轨,根据6.6.3确定;

k_5——如果只包括一条轨道,$k_5=2.5$;如果包含两条轨道,$k_5=3.5$。

6.7 铁路桥梁上列车脱轨作用和其他作用

(1)P 铁路结构设计需做到当发生脱轨事故时,对桥梁造成的破坏(特别是倾覆或整个结构的坍塌)被限制在最低限度。

6.7.1 铁路桥梁上的列车脱轨作用

(1)P 铁路桥梁上的列车脱轨应视作偶然设计状况。

(2)P 应考虑两种设计状况:

—设计状况Ⅰ:列车脱轨,脱轨列车停留在桥面上的轨道区域,列车被邻近的钢轨或立墙限制。

—设计状况Ⅱ:列车脱轨,脱轨列车平衡在桥梁边缘,加载于上部结构边缘(不包括人行道等非结构性构件)。

注:国家附件或具体项目可规定附加的要求和备选荷载。

(3)P 对于设计状况Ⅰ,应避免主要结构坍塌,可允许发生局部破坏。结构的相关部分应按下列偶然设计状况的设计荷载进行设计:

$\alpha\times1.4\times$LM71(包含集中荷载和均布荷载,分别为Q_{A1d}和q_{A1d}),施加于平行于轨道中心线两侧轨道1.5倍轨距面积内的最不利位置。

(4)P 对于设计状况Ⅱ,桥梁不应倾覆或倒塌。为确定整体稳定性,应将最大总长度20m的竖向均布荷载$q_{A2d}=\alpha\times1.4\times$LM71作用于所考虑结构的边缘。

注:上述等效荷载仅用于确定整体结构的极限强度或稳定性。小构件不需要按此荷载进行设计。

(5)P 设计状况Ⅰ和Ⅱ应单独验算。不需要考虑这两类荷载的组合。

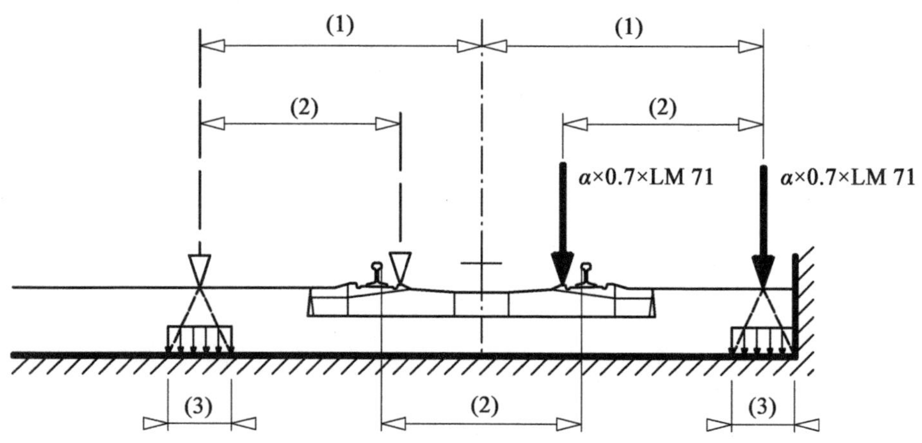

图注:(1)-最大值为1.5s,或有挡土墙时取小值
(2)-轨距s
(3)-对于有砟桥面,集中力可以假定分布在桥面顶部450mm×450mm的正方形区域内

图6.26　设计状况Ⅰ——等效荷载Q_{A1d}和q_{A1d}

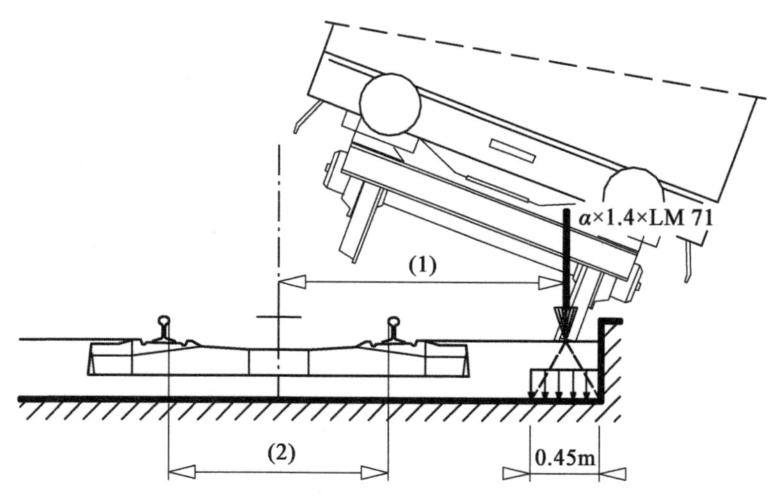

图注:(1)-施加于结构边缘的作用
(2)-轨距s

图6.27　设计状况Ⅱ——等效荷载q_{A2d}

(6)对于设计状况Ⅰ和Ⅱ,当轨道承受脱轨作用时,应忽略其他铁路交通荷载。

注:对其他轨道交通荷载施加要求见EN 1990 A2。

(7)6.7.1(3)和6.7.1(4)中的设计荷载无须考虑动力系数。

(8)P　位于钢轨上方的结构构件,降低脱轨后果的措施应符合相关要求。

注1:国家附件或具体项目可规定相关要求。

注2:国家附件或具体项目也可规定相关要求以保证脱轨列车处于结构之上。

6.7.2 结构下部或邻近结构的脱轨作用以及偶然设计状况的其他作用

(1)当发生脱轨时,脱轨列车与轨道上方或邻近的结构之间存在碰撞风险。碰撞荷载和其他设计要求在 EN 1991-1-7 中有相关规定。

(2)应考虑 EN 1991-1-7 中给出的偶然设计状况的其他作用。

6.7.3 其他作用

(1) P　在结构设计中应考虑以下作用:

—倾斜桥面或倾斜支承表面产生的效应;

—与规定要求相应的由钢轨应力增加或降低产生的纵向锚固力;

—与规定要求相应的由钢轨偶然断裂产生的纵向力;

—与规定要求相应的来自与结构相连的接触网和其他架空线设备的作用;

—与轨道要求相应的来自其他铁路基础设施和设备的作用。

注:对包括所考虑任何偶然设计状况在内的作用,国家附件或具体项目可规定相关要求。

6.8 铁路桥梁上交通荷载的应用

6.8.1 一般规定

注:系数 α 的应用见 6.3.2,动力系数 Φ 的应用见 6.4.5。

(1)P　应根据轨道位置和规定容许误差,按要求的轨道数量和位置进行结构设计。

注:具体项目可对轨道位置和容许误差作出规定。

(2)每个结构应按照处于最不利位置处的轨道在几何和结构上可能的最大数量进行设计,与考虑轨道最小间距和规定结构净距要求的规划轨道位置无关。

注:具体项目可对轨道最小间距和结构净距要求作出规定。

(3)P　所有作用的效应通过布置于最不利位置处的交通荷载和力来确定。可忽略交通荷载产生的有利效应。

(4)P　采用荷载模型 71 确定其最不利荷载效应:

—应施加任意长度均布荷载 q_{vk} 在每条轨道上,每次每条轨道应施加不超过 4

个集中荷载 Q_{vk}；

—对于承载 2 条轨道的结构,荷载模型 71 适用于 1 条轨道或 2 条轨道；

—对于承载 3 条或更多轨道的结构,荷载模型 71 适用于 1 条或 2 条轨道,0.75 倍的荷载模型 71 适用于 3 条或更多轨道。

(5)P　采用荷载模型 SW/0 确定最不利荷载效应：

—应对轨道施加一次图 6.2 和表 6.1 规定的荷载；

—对于承载 2 条轨道的结构,荷载模型 SW/0 适用于 1 条轨道或 2 条轨道；

—对于承载 3 条或更多轨道的结构,荷载模型 SW/0 适用于 1 条或 2 条轨道,0.75 倍的荷载模型 SW/0 适用于 3 条或更多轨道。

(6)P　采用荷载模型 SW/2 确定最不利荷载效应：

—应对轨道施加一次图 6.2 和表 6.1 规定的荷载；

—对于承载不止 1 条轨道的结构,根据 6.8.1(4) 和 6.8.1(5) 规定,荷载模型 SW/2 应仅适用于其中 1 条轨道,荷载模型 71 或 SW/0 适用于另外 1 条轨道。

(7)P　确定荷载模型"空载列车"引起的最不利荷载效应：

—应施加任意长度的均布荷载 q_{vk} 在轨道上；

——一般地,荷载模型"空载列车"应仅在单轨结构设计中考虑。

(8)P　所有采用荷载模型 71 设计的连续梁桥,应采用荷载模型 SW/0 进行复核验算。

(9)P　按 6.4.4 的要求进行动力分析时,所有桥梁也应按照 6.4.6.1.1 要求采用实际列车和高速荷载模型(HSLM)进行设计。应按照 6.4.6.1.1(6) 和 6.4.6.5(3) 采用实际列车和高速荷载模型(HSLM)确定最不利荷载效应。

(10)P　为验算变形和振动,所施加的竖向荷载应为：

—荷载模型 71 和有要求时为荷载模型 SW/0 和 SW/2；

—6.4.6.1.1 有要求时为高速荷载模型(HSLM)；

—按 6.4.6.1.1 要求在确定桥面共振或过度振动的动力性能时为实际列车荷载模型。

(11)P　对于承载 1 条或多条轨道的桥跨结构,变形和振动限值的验算应与表 6.10 中所有相关交通荷载加载的轨道数目相对应。6.3.2(3) 有要求时,应考虑分类荷载。

表 6.10 验算挠度和振动限值时的加载轨道数

极限状态和相关验算准则	桥上的轨道数量		
	1	2	3
交通安全验算:			
—桥跨结构扭转(EN 1990:A2.4.4.2.2)	1	1 或 2[a]	1 或 2 或 3 或更多[b]
—桥跨结构竖向变形(EN 1990: A2.4.4.2.3)	1	1 或 2[a]	1 或 2 或 3 或更多[b]
—桥跨结构水平变形(EN 1990: A2.4.4.2.4)	1	1 或 2[a]	1 或 2 或 3 或更多[b]
—可变作用下结构和轨道的组合响应,包括桥跨结构端部的竖向和纵向位移限值(6.5.4)	1	1 或 2[a]	1 或 2[a]
—桥跨结构竖向变形(6.4.6 和 EN 1990: A2.4.4.2.1)	1	1	1
正常使用极限状态验算:			
—旅客舒适性准则(EN 1990: A2.4.4.3)	1	1	1
承载能力极限状态验算:			
—支座上拔(EN 1990:A2.4.4.1(2)P)	1	1 或 2[a]	1 或 2 或 3 或更多[b]

[a]取临界值;

[b]当采用荷载组时,加载轨道数应符合表 6.11 的规定。当不采用荷载组时,加载轨道的数目也应符合表 6.11的规定。

注:当验算排水和结构净空时,国家附件或具体项目可规定所考虑的加载轨道数要求。

6.8.2 荷载组——多成分作用的标准值

(1)对于 6.3 ~6.5 以及 6.7 中规定的能够同时施加的荷载,可通过表 6.11 中规定的荷载组来考虑。这些相互独立的荷载组,应被视作为了与非交通荷载组合而规定的一个单独可变作用标准值。每一组荷载应作为一个单独的可变作用。

注:在一些情况下,有必要考虑不利单独交通荷载的其他适当组合,见 EN 1990 中 A2.2.6(4)。

(2)对于每一个荷载组中不同作用的标准值应采用表 6.11 中给出的系数。

注:国家附件中对于所有这些系数建议值可能不同。推荐采用表 6.11 中的值。

(3)P 当荷载组未被考虑时,铁路交通荷载应按 EN 1990 中表 A2.3 进行组合。

表 6.11 铁路(轨道)交通荷载组评估(多成分作用的标准值)

结构上的轨道数			荷载组			竖向力			水平力			备注
			参考 EN 1991-2			6.3.2/6.3.3	6.3.3	6.3.4	6.5.3	6.5.1	6.5.2	
1	2	≥3	加载轨道数	荷载组[8]	加载轨道	LM71[1] SW/0[1],[2] HSLM[6][7]	SW/2[1],[3]	空载列车	牵引力和制动力[1]	离心力[1]	摇摆力[1]	
			1	gr11	T_1	1			1[5]	0.5[5]	0.5[5]	最大竖向力 1 和最大纵向力
			1	gr 12	T_1	1			0.5[5]	1[5]	1[5]	最大竖向力 2 与最大横向力
			1	gr 13	T_1	1[4]			1	0.5[5]	0.5[5]	最大纵向力
			1	gr 14	T_1	1[4]			0.5[5]	1	1	最大侧向力
			1	gr 15	T_1			1		1[5]	1[5]	侧向稳定性与"空载列车"
			1	gr 16	T_1		1		1[5]	0.5[5]	0.5[5]	SW/2 与最大纵向力
			1	gr 17	T_1		1		0.5[5]	1[5]	1[5]	SW/2 与最大横向力
			2	gr 21	T_1	1			1[5]	0.5[5]	0.5[5]	最大竖向力 1 和最大纵向力
					T_2	1			1[5]	0.5[5]	0.5[5]	
			2	gr 22	T_1	1			0.5[5]	1[5]	1[5]	最大竖向力 2 与最大横向力
					T_2	1			0.5[5]	1[5]	1[5]	
			2	gr 23	T_1	1[4]			1	0.5[5]	0.5[5]	最大纵向力
					T_2	1[4]			1	0.5[5]	0.5[5]	
			2	gr 24	T_1	1[4]			0.5[5]	1	1	最大侧向力
					T_2	1[4]			0.5[5]	1	1	
			2	gr 26	T_1		1		1[5]	0.5[5]	0.5[5]	SW/2 与最大纵向力
					T_2	1			1[5]	0.5[5]	0.5[5]	
			2	gr 27	T_1		1		0.5[5]	1[5]	1[5]	SW/2 与最大横向力
					T_2	1			0.5[5]	1[5]	1[5]	
			≥3	gr 31	T_i	0.75			0.75[5]	0.75[5]	0.75[5]	附加荷载工况

(1)应考虑所有相关系数($\alpha, \Phi, f\cdots$)。
(2)SW/0 仅在连续梁结构中考虑。
(3)SW/2 仅在线路有相关规定时考虑。
(4)如果是有利效应,系数可以减少至 0.5,但不能为 0。
(5)在有利情况下,这些非主要值可以为零。
(6)按 6.4.4 和 6.4.6.1.1 的要求采用高速荷载模型(HSLM)和实际列车。
(7)按 6.4.4 要求进行动力分析时,同时亦需参见 6.4.6.5(3)和 6.4.6.1.2。
(8)见 EN 1990 中表 A2.3。
(灰色底纹)合适的主导分量作用。

在设计单轨支承结构时要考虑(荷载组 11～17)。

在设计双轨支承结构时要考虑(荷载组 11～27 除 15 之外)。双轨中的每条轨道都应看作 T_1(轨道 1)或 T_2(轨道 2)。

在设计支承三条或 3 条以上轨道的结构时应考虑(荷载组 11～31,除 15 以外)。任何一条轨道应视作 T_1,另一条轨道即为 T_2,所有其他轨道都要空载。另外,当轨道 T_i 的所有不利长度均加载时,荷载组 31 必须作为附加的荷载工况。

6.8.3 荷载组——多成分作用的其他代表值

6.8.3.1 多成分作用频遇值

(1)当考虑荷载组时,每个荷载组中相关作用的频遇值适用 6.8.2(1)给出的规定乘以表 6.11 中对每个荷载组的系数。

注:国家附件可对多成分作用频遇值作出规定。推荐采用本条款中给出的规定。

(2)P 当没有使用荷载组时,铁路交通荷载应按 EN 1990 中表 A2.3 进行组合。

6.8.3.2 多成分作用准永久值

(1)交通荷载准永久值应取零。

注:国家附件可对多成分作用准永久值作出规定。推荐采用本条款中给出的值。

6.8.4 短暂设计状况下的交通荷载

(1)应规定短暂设计状况下的交通荷载。

注:附录 H 中给出了一些规定。具体项目可规定短暂设计状况下的交通荷载。

6.9 用于疲劳分析的交通荷载

(1)P 应对所有承受应力循环的结构构件进行疲劳损伤评估。

(2)对基于荷载模型 71 标准值得到的普通车列,包括动力放大系数 ϕ,疲劳评估应在“标准车列”“轴重 250kN 的车列”或“轻型组合车列”的组合交通量的基础上进行,它取决于结构是否作用有标准组合车列、重型货车或是轻型车列。附录 D 所考虑的工程车列、组合车列以及动力放大的详细信息。

注:具体项目可规定相关要求。

(3)当组合交通不能代表实际交通时[如在特殊情况下,有限的车辆类型决定了主导的疲劳荷载,或根据 6.3.2(3)的要求采用一个大于 1 的 α],应规定一个备选的交通组合。

注:具体项目可规定备选的交通组合。

(4)每一交通组合基于桥梁一条轨道上通过的年交通吨位为 25×10^6t 得到。

(5)P 对于承载多条轨道的结构,疲劳荷载应施加在最多两条轨道的最不利位置处。

(6)应对设计使用年限内的疲劳损伤进行评估。

注:国家附件可规定设计使用年限。推荐值为 100 年。见 EN 1990。

(7)或者,可以根据特殊交通组合进行疲劳评估。

注:国家附件或具体项目可规定对特殊交通组合的要求。

(8)当按 6.4.4 的要求进行动力分析且动力效应可能过大时,关于桥梁疲劳性能评价的相关附加要求在 6.4.6.6 中给出。

(9)包括动力效应和离心力在内的竖向铁路(轨道)交通荷载宜在疲劳评估中考虑。在疲劳评估中一般忽略摇摆力和纵向交通荷载。

注:在一些特殊情况下,例如终点站支承轨道的桥梁,疲劳评估中应考虑纵向作用效应。

附录 A
(资料性)
道路桥梁上的特殊车辆模型

A.1 适用范围

(1)本附录规定了可用于道路桥梁设计的特殊车辆标准模型。

(2)本附录中规定的特殊车辆用于计算不符合国家规定中关于普通车辆重量和尺寸限制的车辆产生的整体和局部效应。

注:桥梁设计仅在特殊情况下考虑特殊车辆荷载。

(3)本附录还提供了桥梁行车道上特殊车辆和4.3.2中荷载模型1给出的常规道路车辆同时作用时的指导。

A.2 特殊车辆的基本模型

(1)特殊车辆的基本模型按常规在表A.1、表A.2和图A.1中规定。

注1:特殊车辆的基本模型对应于获准在欧洲公路网中特定路线通行的各种异常荷载。

注2:假定轴重150kN与200kN的车宽为3m,轴重240kN的车宽为4.5m。

表A.1 特殊车辆分类

总　重	组　成	标　识
600kN	4个重150kN的轴线	600/150
900kN	6个重150kN的轴线	900/150
1200kN	8个重150kN的轴线 或6个重200kN的轴线	1200/150 1200/200
1500kN	10个重150kN的轴线 或7个重200kN的轴线+1个重100kN的轴线	1500/150 1500/200

表 A.1(续)

总　重	组　成	标　识
1800kN	12 个重 150kN 的轴线 或 9 个重 200kN 的轴线	1800/150 1800/200
2400kN	12 个重 200kN 的轴线 或 10 个重 240kN 的轴线 或 6 个重 200kN 的轴线(间距 12m) +6 个重 200kN 的轴线	2400/200 2400/240 2400/200/200
3000kN	15 个重 200kN 的轴线 或 12 个重 240kN 的轴线 +1 个重 120kN 的轴线 或 8 个重 200kN 的轴线(间距 12m) +7 个重 200kN 的轴线	3000/200 3000/240 3000/200/200
3600kN	18 个重 200kN 的轴线 或 15 个重 240kN 的轴线 或 9 个重 200kN 的轴线(间距 12m) +9 个重 200kN 的轴线	3600/200 3600/240 3600/200/200

表 A.2　特殊车辆的描述

	150kN 重轴线	200kN 重轴线	240kN 重轴线
600kN	$n = 4 \times 150$ $e = 1.50m$		
900kN	$n = 6 \times 150$ $e = 1.50m$		
1200kN	$n = 8 \times 150$ $e = 1.50m$	$n = 6 \times 200$ $e = 1.50m$	
1500kN	$n = 10 \times 150$ $e = 1.50m$	$n = 1 \times 100 + 7 \times 200$ $e = 1.50m$	
1800kN	$n = 12 \times 150$ $e = 1.50m$	$n = 9 \times 200$ $e = 1.50m$	
2400kN		$n = 12 \times 200$ $e = 1.50m$ $n = 6 \times 200 + 6 \times 200$ $e = 5 \times 1.5 + 12 + 5 \times 1.5$	[AC_1⟩ $n = 10 \times 240$ ⟨AC_1] $e = 1.50m$
3000kN		$n = 15 \times 200$ $e = 1.50m$ $n = 8 \times 200 + 7 \times 200$ $e = 7 \times 1.5 + 12 + 6 \times 1.5$	[AC_1⟩ $n = 1 \times 120 + 12 \times 240$ ⟨AC_1] $e = 1.50m$
3600kN		$n = 18 \times 200$ $e = 1.50m$	[AC_1⟩ $n = 15 \times 240$ ⟨AC_1] $e = 1.50m$ $n = 8 \times 240 + 7 \times 240$ $e = 7 \times 1.5 + 12 + 6 \times 1.5$
注:n-每组中乘以每轴重量的轴数量; e-每组内或组之间的轴距[m]			

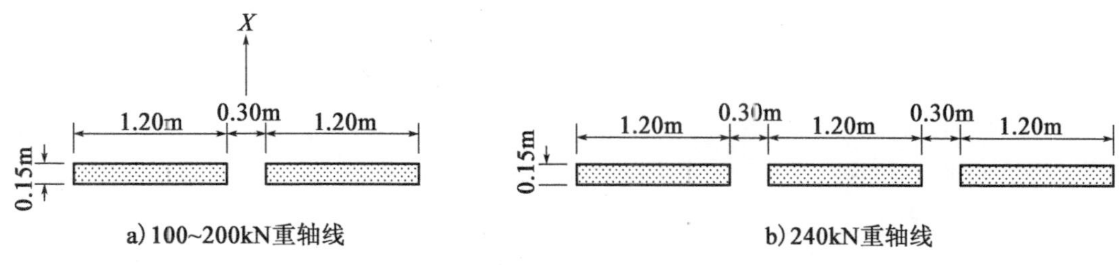

图注：X-桥梁轴向

图 A.1 轴线布置和车轮接触面积的规定

(2)应考虑一个或多个特殊车辆模型。

注1:对于具体项目,可规定模型类型、荷载值和荷载尺寸。

注2:当系数 α_{Qi} 和 α_{qi} 均等于1时,荷载模型1的效应便包括了600/150标准模型的效应。

注3:对于特殊模型,特别是包括总重超过3600kN的异常荷载效应,可在具体项目中给出规定。

(3)与特殊车辆相关联的特征荷载应视作标准值,并且只与短暂设计状况相关。

A.3 行车道上特殊车辆荷载模型的应用

(1)每种标准模型应用于:

—在1.4.2和4.2.3(视为车道1)中所规定的单个名义车道,模型由150kN或200kN轴线组成;

—两个相邻名义车道(视为车道1和2,见图A.2),模型由240kN轴线组成。

(2)名义车道应尽量设在行车道的最不利位置上。在这种情况下,可规定行车道宽度不包括硬路肩、硬边缘带和标志带。

(3)根据所考虑的模型,可假设特殊车辆模型以较低速度(不大于5km/h)或正常速度(70km/h)行驶。

(4)假设特殊车辆模型以低速行驶时,仅考虑不含动力放大系数的竖向荷载。

(5)假设特殊车辆模型以正常速度行驶时,应考虑动力放大系数。可以采用下列公式:

$$\varphi = 1.4 - \frac{L}{500} \text{ 且 } \varphi \geqslant 1$$

式中:L——影响长度[m]。

(6)假设模型低速行驶时,每个名义车道和桥面板剩余区域应采用荷载模型1

加载,其频遇值在4.5和EN 1992的A.2中规定。当车道上布置标准车辆时,距所考虑车辆外轴25m以内不采用该体系(图A.3)。

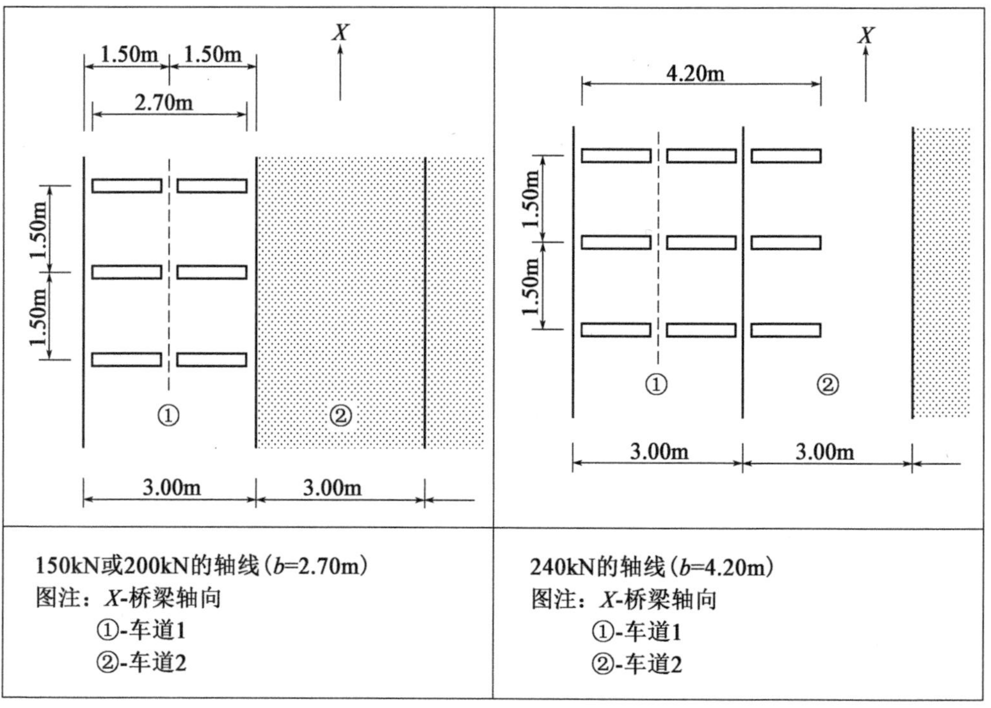

图A.2 特殊车辆在名义车道上的应用

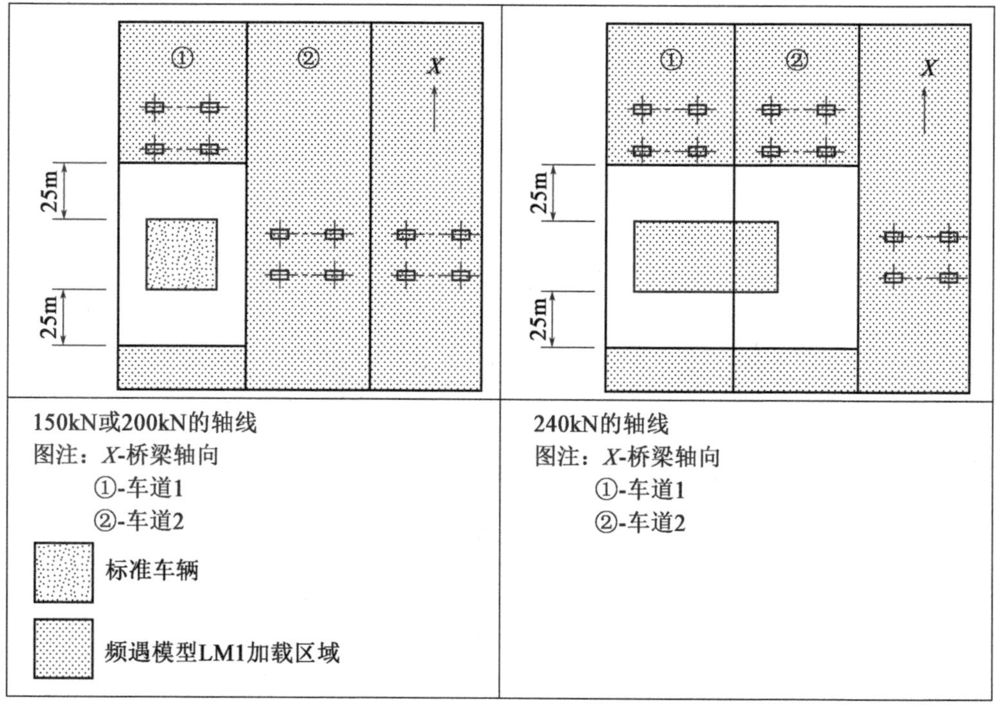

注:可在具体项目中规定特殊车辆的有利横向位置,并限制一般车列同时存在。

图A.3 车道荷载模型1和特殊车辆同时作用

(7)假设特殊车辆以正常速度行驶,在其行驶车道上应布置一对特殊车辆。在其他车道和桥面板剩余区域应采用荷载模型1加载,其频遇值在4.5和EN 1990的A.2中规定。

附录 B
(资料性)
基于已记录交通数据的道路桥梁疲劳寿命评价

(1)应对典型的实际交通记录数据进行分析,再乘以动力放大系数 φ_{fat},获得应力历程。

(2)该动力放大系数应考虑桥梁动力特性,并取决于预期的路面粗糙度和记录中已包括的动力放大因素。

注:依照 ISO 8608[7],路面可以根据道路竖向剖面位移 G_d的功率谱密度(PSD),即粗糙度来分级。G_d是空间频率 n 的函数 $G_d(n)$,或是路径空间角频率 Ω 的函数 $G_d(\Omega)$,其中 $\Omega=2\pi n$。道路剖面的实际功率谱密度应平滑,然后在双对数表示图中,在适当的空间频率范围内用直线拟合。拟合的 PSD 通常可表达为:

$$G_d(n) = G_d(n_0)\left(\frac{n}{n_0}\right)^{-w}$$

或

$$G_d(\Omega) = G_d(\Omega_0)\left(\frac{\Omega}{\Omega_0}\right)^{-w}$$

式中:n_0——空间频率的参考值(0.1 次循环/m);

Ω_0——空间角频率的参考值(1rad/m);

w——拟合 PSD 的指数。

通常,考虑速率 G_v功率谱密度会更方便,而不是位移 G_d功率谱密度,G_v表示路面单位距离内竖向坐标变化。因而 G_v和 G_d之间的关系为:

$$G_v(n) = G_d(n)(2\pi n)^2 \text{ 和 } G_v(\Omega) = G_d(\Omega)(\Omega)^2$$

当 $w=2$ 时,这两个速率 PSD 表达式为常数。

---

[7] ISO 8608:1995-机械振动-路面剖面-检测数据报道。

考虑恒定的速率 PSD,在 ISO 8608 中按粗糙度递增将道路分为 8 个不同的等级(A、B、…、H)。与位移 PSD 相应的等级限值在图 B.1 中画出。道路桥梁路面仅与前 5 个等级(A、B、C、D、E)相关。

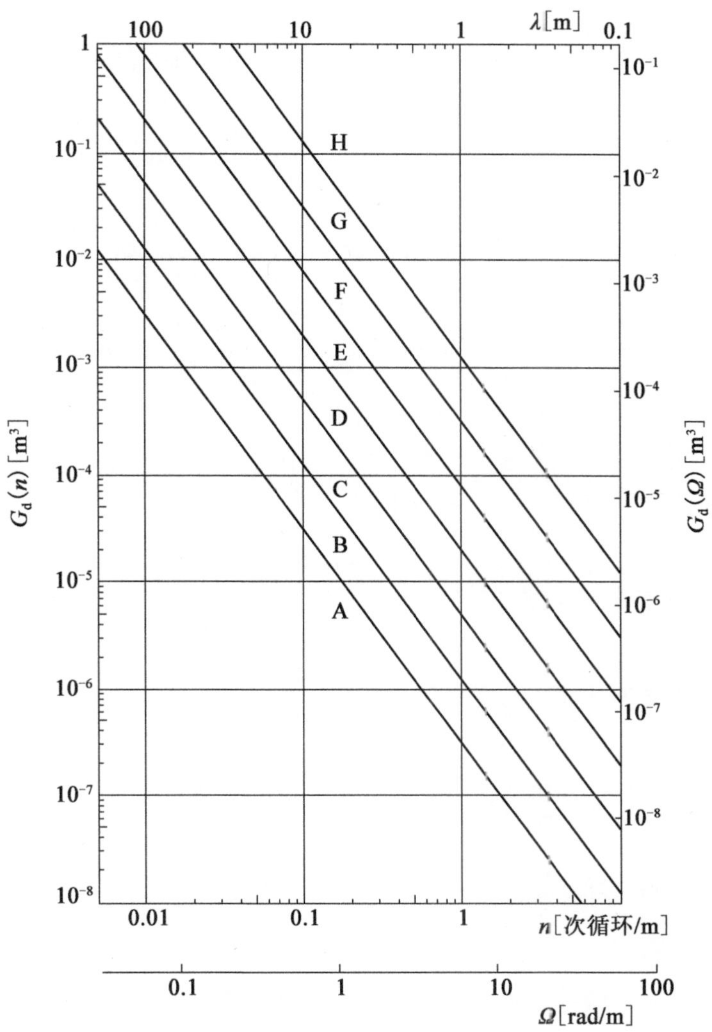

AC₁ 图注：$G_d(n)$ AC₁ -位移功率谱密度[m³]

λ-波长[m]

AC₁ $G_d(\Omega)$ AC₁ -位移功率谱密度[m]

n-空间频率[次循环/m]

Ω-空间角频率[rad/m]

图 B.1　路面分级(ISO 8608)

路面质量可设定为:A 级为优,B 级为良,C 级为中,D 级为差,E 级为非常差。

表 B.1 和表 B.2 中分别给出了依据 n 和 Ω 划分的前 5 个等级路面 G_d 和 G_v 的极限值。

表 B.1 用空间频率 n 表示的粗糙度

道路等级	粗糙度				
	路面质量	$G_d(n_0)$[a] $[10^{-6}m]$			$G_v(n)[10^{-6}m]$
		下限值	几何均值	上限值	几何均值
A	优	—	16	32	6.3
B	良	32	64	128	25.3
C	中	128	256	512	101.1
D	差	512	1024	2048	404.3
E	非常差	2048	4096	8192	1617.0

[a] $n_0=0.1$ 次循环/m

表 B.2 用空间角频率 Ω 表示的粗糙度

道路等级	粗糙度				
	路面质量	$G_d(n_0)$[a] $[10^{-6}m]$			$G_v(n)[10^{-6}m]$
		下限值	几何均值	上限值	几何均值
A	优	—	1	2	1
B	良	2	4	8	4
C	中	8	16	32	16
D	差	32	64	128	64
E	非常差	128	256	512	256

[a] $\Omega_0=1\text{rad/m}$

(3)除非另有说明,否则记录的轴载应乘以:

$\varphi_{fat}=1.2$,对于粗糙度为良的路面;

$\varphi_{fat}=1.4$,对于粗糙度为中的路面。

(4)此外,考虑距伸缩缝6.00m以内的横截面时,荷载应乘以由图4.7导出的附加动力放大系数$\Delta\varphi_{fat}$。

(5)道路粗糙度等级应与ISO 8608一致。

(6)为了粗略且快速地评定粗糙程度,给出下列指导:

—对于新道路面层,如沥青或混凝土面层,可以假设其粗糙度等级为良,甚至为优;

—未保养的旧道路面层粗糙度可划分为中;

—由卵石或类似材料组成的道路面层粗糙度可划分为中(“一般”)或劣质(“差”或“非常差”)。

(7)车轮的接触面积和车轮横向间距应按表4.8中的相关描述而定。

(8)如果仅在一条车道上记录数据,则应假定其他车道上的交通。这些假定可基于其他地方类型相似的交通数据记录。

(9)应力历程应考虑桥梁不同车道上记录的车辆可能同时出现。应制定一项程序,以便在使用个别车辆载货记录作为依据时能够做到这一点。

(10)循环的次数应采用雨流法或蓄水池法来计算。

(11)如果记录的时间少于一周,则可考虑一个典型周内观测到的交通流量和混合程度的变化,来调整记录和疲劳损伤率的评价。此外,应采用调整系数来考虑未来交通的变化。

(12)利用记录计算得到的累计疲劳损伤应乘以设计使用年限与柱状图上考虑持续时间的比率。在缺少详细资料时,建议货车数量系数取2,荷载等级系数取1.4。

附录 C
(规范性)
列车的动力系数 $1+\varphi$

(1)P 为考虑由实际运营列车快速行驶引起的动力效应,按规定的静荷载计算的力和弯矩应乘以一个适应于列车最大容许速度的系数。

(2)动力系数 $1+\varphi$ 也应用于疲劳损伤计算。

(3)P 速度为 v(m/s)的列车产生的静荷载应乘以:

对标准养护的轨道 $$1+\varphi=1+\varphi'+\varphi'' \tag{C.1}$$

对精心养护的轨道 $$1+\varphi=1+\varphi'+0.5\varphi'' \tag{C.2}$$

注:国家附件可能规定是否使用式(C.1)或式(C.2)。在没有明确规定使用哪个表达式时,推荐使用式(C.1)。

其中:

当 $K<0.76$ 时, $$\varphi'=\frac{K}{1-K+K^4} \tag{C.3}$$

当 $K\geqslant 0.76$ 时, $$\varphi'=1.325 \tag{C.4}$$

其中:

$$K=\frac{v}{2L_\Phi\times n_0} \tag{C.5}$$

$$\varphi''=\frac{\alpha}{100}\left[56e^{-\left(\frac{L_\Phi}{10}\right)^2}+50\left(\frac{L_\Phi n_0}{80}-1\right)e^{-\left(\frac{L_\Phi}{20}\right)^2}\right]\text{且 }\varphi''\geqslant 0 \tag{C.6}$$

其中:

$$\text{若 } v\leqslant 22\text{m/s},\text{则 } \alpha=\frac{v}{22} \tag{C.7}$$

若 $v>22$m/s,则 $\alpha=1$

式中:v——最大容许车速[m/s];

n_0——桥梁承受永久作用时的一阶固有弯曲频率[Hz];

L_Φ——根据6.4.5.3规定的限定长度[m];

α——速度系数。

由式(C.3)和式(C.4)规定的 φ' 的有效限值为图6.10中固有频率的下限和200km/h。对于其他情况,φ' 值应根据6.4.6进行动力分析而确定。

注:使用的方法应经国家附件中规定的相关部门同意。

式(C.6)规定的 φ'' 的有效极限值是图6.10中固有频率的上限。对于其他情况,可按6.4.6考虑列车簧下轴和桥梁之间的质量相互作用进行动力分析确定 φ''。

(4)P　$\varphi' + \varphi''$ 的值应由 n_0 的上限值和下限值确定,除非其用于已知一阶固有频率的单一桥梁。

n_0 的上限值按下式计算:

$$n_0 = 94.76 L_\Phi^{-0.748} \tag{C.8}$$

下限值按下式计算:

当 $4\text{m} \leqslant L_\Phi \leqslant 20\text{m}$ 时,

$$n_0 = \frac{80}{L_\Phi} \tag{C.9}$$

当 $20\text{m} < L_\Phi \leqslant 100\text{m}$ 时,

$$n_0 = 23.58 L_\Phi^{-0.592} \tag{C.10}$$

附录 D
(规范性)
铁路结构疲劳评估的基础

D.1 疲劳作用假定

(1)当6.4.5适用时,用于静态荷载模型71和SW/0及SW/2的动力系数Φ_2、Φ_3表示桥梁构件详细设计中所考虑的最不利荷载工况。如果将它们用于进行疲劳损伤评估的列车,那么这些系数过于烦琐。

(2)为了考虑结构100年假设寿命的平均效应,每一列车的动力放大系数可减小到:

$$1+\frac{1}{2}\left(\varphi'+\frac{1}{2}\varphi''\right) \tag{D.1}$$

式中:φ'和φ''在式(D.2)和式(D.5)中定义。

(3)式(D.2)和式(D.5)是式(C.3)和式(C.6)的简化形式,后者用于疲劳损伤计算是足够精确的,且在列车最大容许速度不超过200km/h时有效:

$$\varphi'=\frac{K}{1-K+K^4} \tag{D.2}$$

其中:当$L\leqslant 20$m时,

$$K=\frac{v}{160} \tag{D.3}$$

当$L>20$m时,

$$K=\frac{v}{47.16L^{0.408}} \tag{D.4}$$

$$\varphi''=0.56e^{\frac{L^2}{100}} \tag{D.5}$$

式中:v——车辆最大允许速度[m/s];

L——6.4.5.3中的确定性长度L_Φ[m]。

注:包括共振的动力效应可能过大,应按6.4.4进行动力分析,对桥梁疲劳评估的附加要求在6.4.6.6中给出。

D.2 一般设计方法

(1)P 一般说来,疲劳评估是对应力幅的验算,应根据 EN 1992、EN 1993 和 EN 1994 进行。

(2)以一座钢桥为例,安全验算要确保满足下列条件:

$$\gamma_{Ff}\lambda\Phi_2\Delta\sigma_{71} \leqslant \frac{\Delta\sigma_c}{\gamma_{Mf}} \quad (D.6)$$

式中:γ_{Ff}——疲劳荷载的分项系数;

注:γ_{Ff}值可在国家附件中给出,推荐值为 $\gamma_{Ff}=1.00$。

λ——疲劳损伤等效系数,该系数考虑了桥上的运营交通和构件的跨径,λ值在 AC1 EN 1992 ~ EN 1999 AC1 中给出;

Φ_2——动力系数(见 6.4.5);

$\Delta\sigma_{71}$——根据荷载模型 71(需要时可为 SW/0,但不包含 α)布置在构件的最不利位置处得出的应力幅;

$\Delta\sigma_c$——疲劳强度的参考值(见 EN 1993);

γ_{Mf}——AC1 EN 1992 ~ EN 1999 AC1 中疲劳强度的分项系数。

D.3 疲劳分析的列车类型

疲劳评估应在"标准车列""轴重 250kN 的车列"或"轻型组合车列"的组合交通量的基础上进行,它取决于结构是否作用有标准组合车列、重型货车或是轻型车列。

下面给出工程车列和组合车列的细节。

(1)标准和轻型车列组合

类型 1 机车牵引的客运列车

$\sum Q=6630\text{kN}$ $V=200\text{km/h}$ $L=262.10\text{m}$ $q=25.3\text{kN/m}$

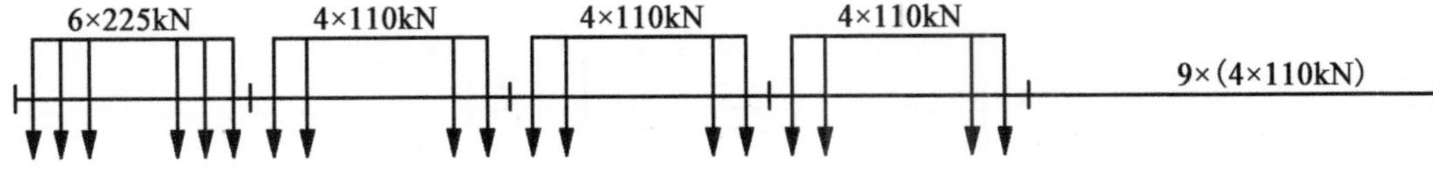

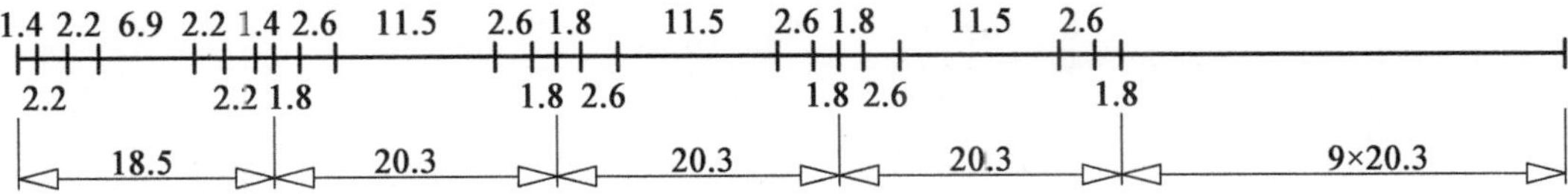

类型 2 机车牵引的客运列车

$\Sigma Q = 5300\text{kN}$ $V = 160\text{km/h}$ $L = 281.10\text{m}$ $q = 18.9\text{kN/m}$

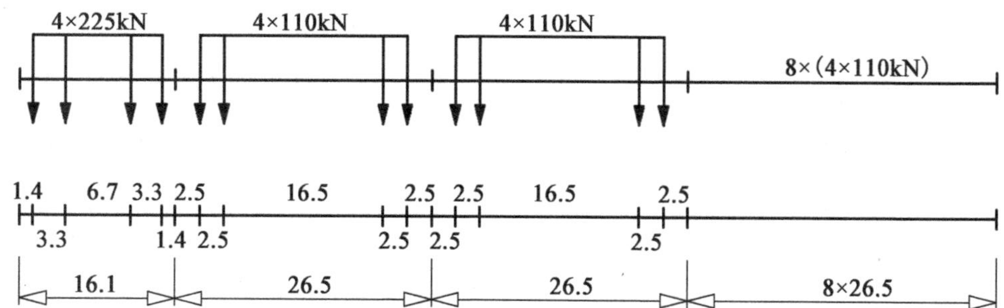

类型 3 高速客运列车

$\Sigma Q = 9400\text{kN}$ $V = 250\text{km/h}$ $L = 385.52\text{m}$ $q = 24.4\text{kN/m}$

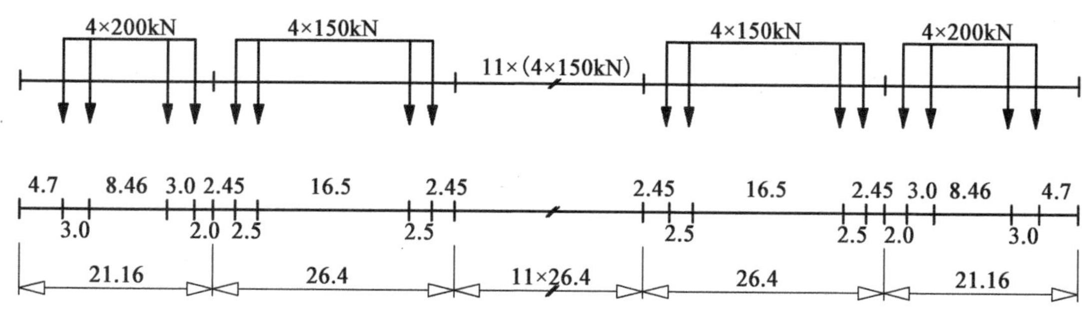

类型 4 高速客运列车

$\Sigma Q = 5100\text{kN}$ $V = 250\text{km/h}$ $L = 237.60\text{m}$ $q = 21.5\text{kN/m}$

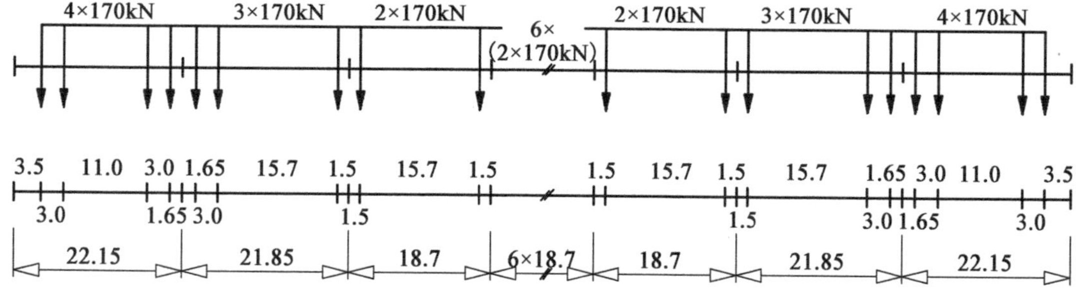

类型 5 机车牵引的货运列车

$\Sigma Q = 21600\text{kN}$ $V = 80\text{km/h}$ $L = 270.30\text{m}$ $q = 80.0\text{kN/m}$

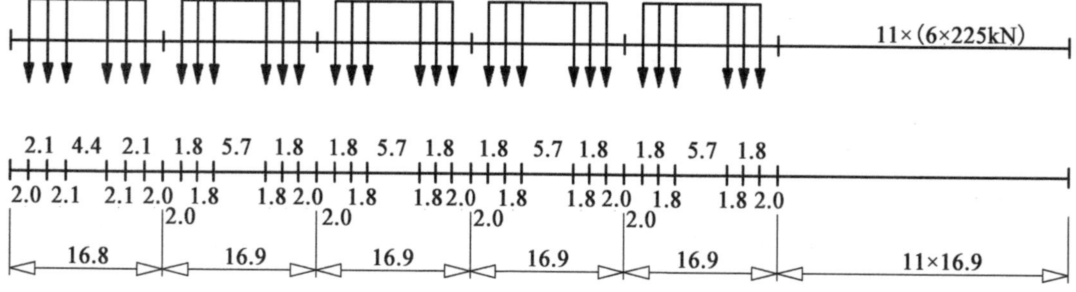

类型 6　机车牵引的货运列车

$\Sigma Q = 14310\text{kN} \quad V = 100\text{km/h} \quad L = 333.10\text{m} \quad q = 43.0\text{kN/m}$

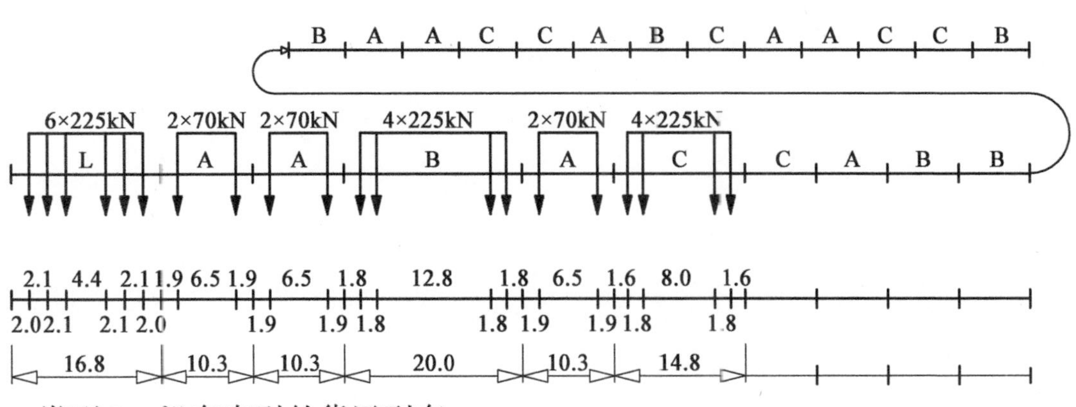

类型 7　机车牵引的货运列车

$\Sigma Q = 10350\text{kN} \quad V = 120\text{km/h} \quad L = 196.50\text{m} \quad q = 52.7\text{kN/m}$

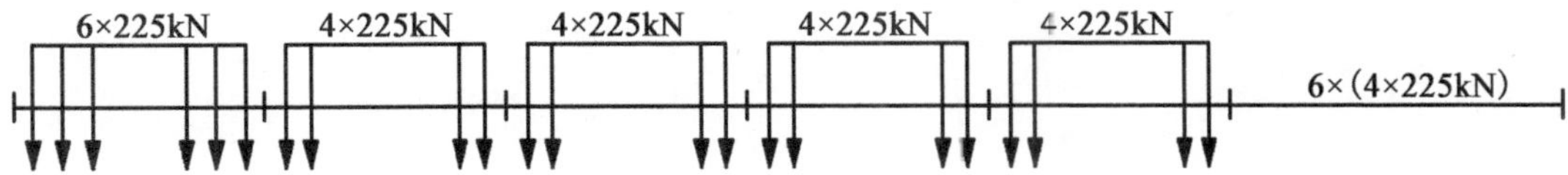

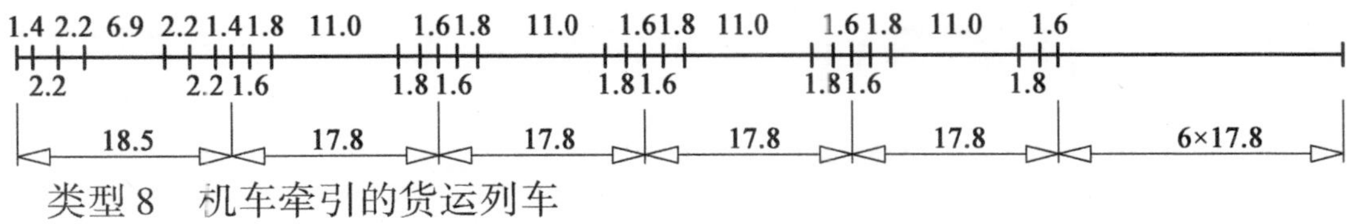

类型 8　机车牵引的货运列车

$\Sigma Q = 10350\text{kN} \quad V = 100\text{km/h} \quad L = 212.50\text{m} \quad q = 48.7\text{kN/m}$

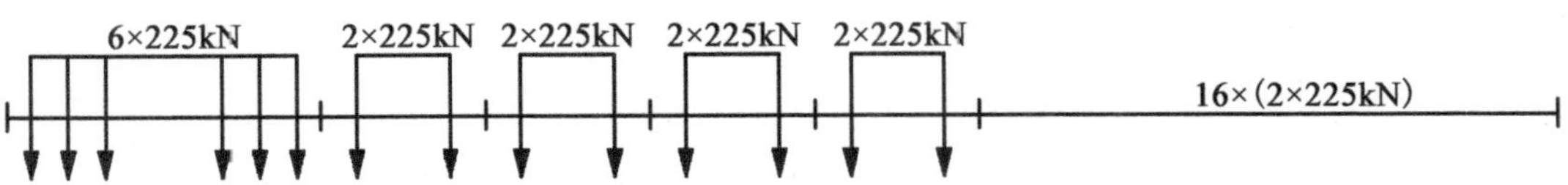

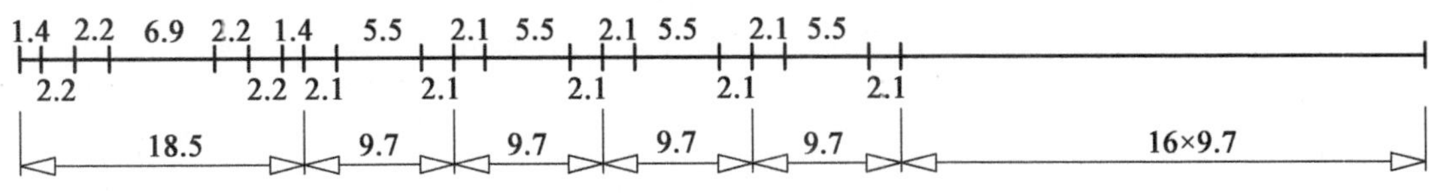

类型 9　市郊多节车列

$\Sigma Q = 2960\text{kN} \quad V = 120\text{km/h} \quad L = 134.80\text{m} \quad q = 22.0\text{kN/m}$

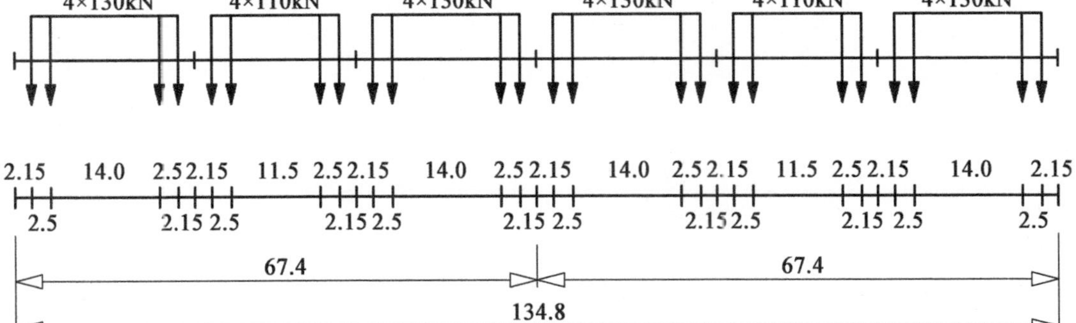

类型 10　地铁列车

$\sum Q=3600\text{kN}$　$V=120\text{km/h}$　$L=129.60\text{m}$　$q=27.8\text{kN/m}$

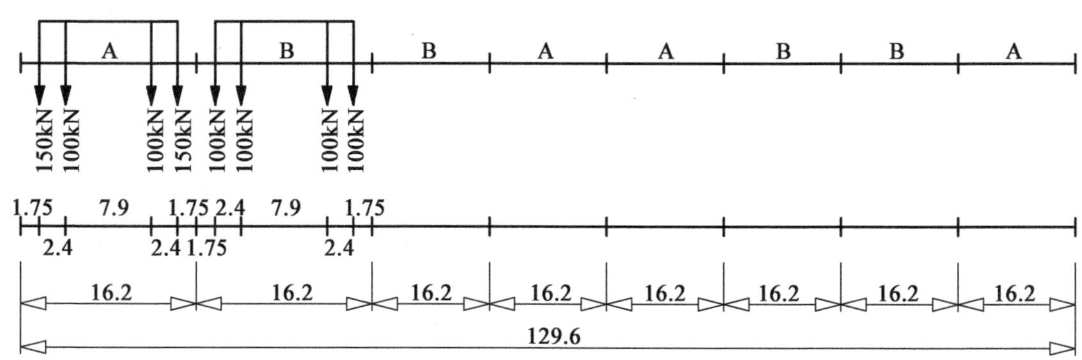

(2)轴载为 250kN 的重型交通

类型 11　机车牵引的货运列车

$\sum Q=11350\text{kN}$　$V=120\text{km/h}$　$L=198.50\text{m}$　$q=57.2\text{kN/m}$

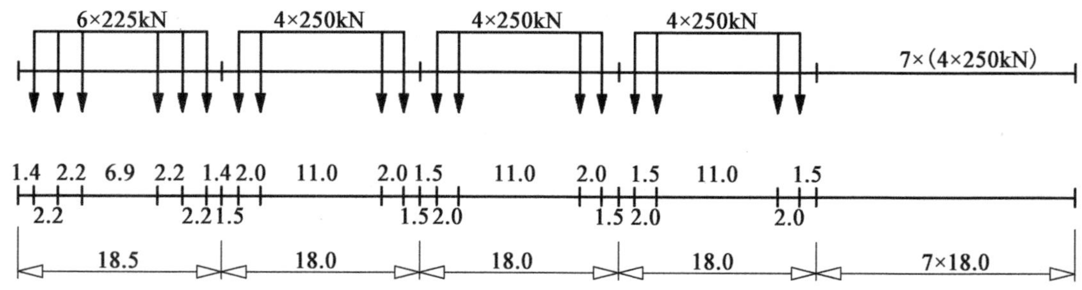

类型 12　机车牵引的货运列车

$\sum Q=11350\text{kN}$　$V=100\text{km/h}$　$L=212.50\text{m}$　$q=53.4\text{kN/m}$

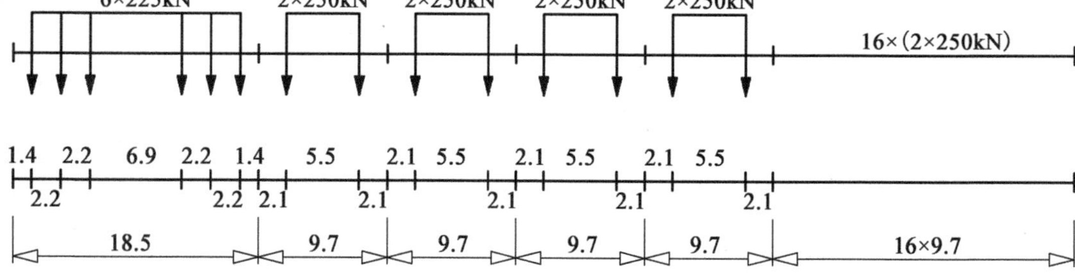

(3)交通组合

表 D.1　轴载≤22.5t(225kN)**的标准交通组合**

列 车 类 型	日列车数量	列车质量[t]	交通量[10^6t/年]
1	12	663	2.90
2	12	530	2.32

表 D.1(续)

列 车 类 型	日列车数量	列车质量[t]	交通量[10^6t/年]
3	5	940	1.72
4	5	510	0.93
5	7	2160	5.52
6	12	1431	6.27
7	8	1035	3.02
8	6	1035	2.27
	67		24.95

表 D.2　轴载为 25t(250kN)**的重型交通组合**

列 车 类 型	日列车数量	列车质量[t]	交通量[10^6t/年]
5	6	2160	4.73
6	13	1431	6.79
11	16	1135	6.63
12	16	1135	6.63
	51		24.78

表 D.3　轴重≤22.5t(225kN)**的轻型交通组合**

列 车 类 型	日列车数量	列车质量[t]	交通量[10^6t/年]
1	10	663	2.4
2	5	530	1.0
5	2	2160	1.4
9	190	296	20.5
	207		25.3

附录 E
(资料性)
荷载模型 HSLM 的有效范围和 HSLM-A 中对关键通用列车的选择

E.1 荷载模型 HSLM 的有效范围

(1)荷载模型 HSLM 对符合以下条件的客运列车有效:

—单个轴载 P[kN]小于 170kN,并且对于传统列车,单个轴载 P 也小于由式(E.2)得出的数值;

—与车厢长度或有规律的重复轴间距对应的距离 D[m]满足表 E.1 的规定;

—转向架间的轴距 d_{BA}[m]满足:

$$2.5\text{m} \leqslant d_{BA} \leqslant 3.5\text{m} \tag{E.1}$$

—对于传统列车,相邻车辆的转向架中心的间距 d_{BS}[m]满足式(E.2);

—对于每节车厢只有一根轴的常规列车(例如附录 F2 中的 E 类列车),中间车厢长度 D_{IC}[m]和跨越两个独立列车组的相邻轴之间的距离 e_c[m]满足表 E.1 的规定;

—D/d_{BA}和$(d_{BS}-d_{BA})/d_{BA}$不应接近整数值;

—列车的最大总重量为 10000kN;

—列车的最大长度为 400m;

—簧下轴的最大质量为 2t。

表 E.1 符合荷载模型 HSLM 的高速客运列车的限定参数

列车类型	P[kN]	D[m]	D_{IC}[m]	e_c[m]
铰接型	170	$18 \leqslant D \leqslant 27$		
传统型	取 170 或式(E.2)给出值之间的较小者	$18 \leqslant D \leqslant 27$		
常规型	170	$10 \leqslant D \leqslant 14$	$8 \leqslant D_{IC} \leqslant 11$	$7 \leqslant e_c \leqslant 10$

其中：

$$4P\cos\left(\frac{\pi d_{BS}}{D}\right)\cos\left(\frac{\pi d_{BA}}{D}\right)\leqslant 2P_{HSLMA}\cos\left(\frac{\pi d_{HSLMA}}{D_{HSLMA}}\right) \tag{E.2}$$

式中，P_{HSLMA}、d_{HSLMA}和 D_{HSLMA}是符合图 6.12 和表 6.3 规定的通用列车参数，对应的车厢长度 D_{HSLMA}为：

—单个通用列车，其中 D_{HSLMA}等于 D 值；

—两个通用列车，其中 D 值不等于 D_{HSLMA}，而 D_{HSLMA}取值正好大于 D 值或略小于 D 值。

对于铰接型、传统型和常规型列车，D、D_{IC}、P、d_{BA}、d_{BS}和 e_c 在图 E.1 ~ 图 E.3 中给出了合适的规定。

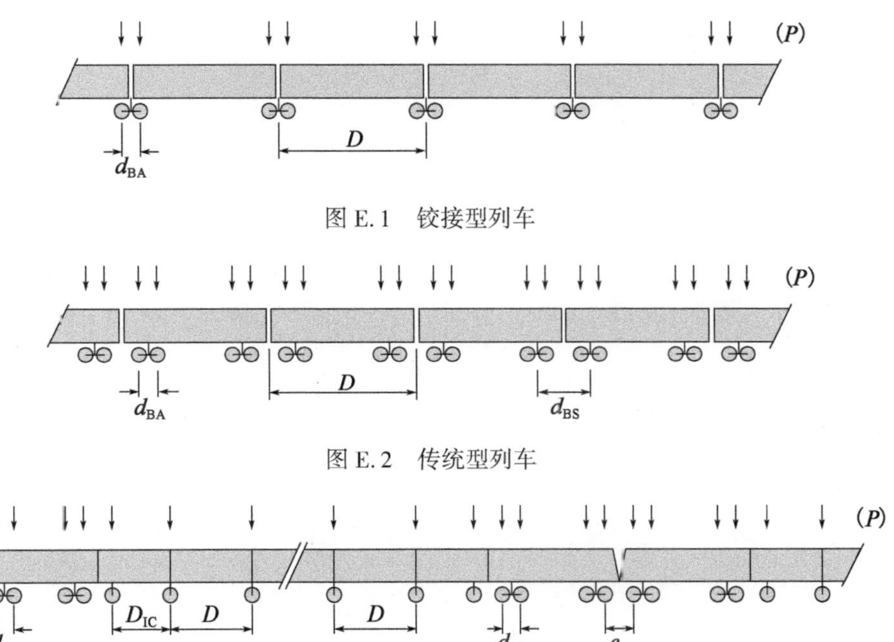

图 E.1 铰接型列车

图 E.2 传统型列车

图 E.3 常规型列车

(2)除非在 E.1(1)被引用，否则 6.4.6.1.1 中规定的通用列车的集中力、尺寸和长度不会构成实际车辆规格的一部分。

E.2 在 HSLM-A 中对通用列车的选择

(1)对于只表现出线性动力特性，且跨径大于或等于 7m 的简支梁，可以用由荷载模型 HSLM－A 推导出的单个通用列车进行动力分析。

(2)在 E.2(5)中规定关键通用列车为下列因素的函数：

—在 E.2(4)中规定激励波长的临界值 λ_C[m]。

其中激励波长的临界值 λ_C 为下列因素的函数：

—E.2(3)中给出的最大设计速度下的激励波长 λ_v[m];

—桥梁跨径 L[m];

—当激励波长范围为4.5m ~ L[m]时的激励作用最大值 $A_{(L/\lambda)}G_{(\lambda)}$[kN/m],在E.2(4)中给出。

(3)最大设计速度下的激励波长 λ_v[m]由以下公式得到:

$$\lambda_v = \frac{v_{DS}}{n_0} \tag{E.3}$$

式中:n_0——简支梁的一阶固有频率[Hz];

v_{DS}——6.4.6.2(1)中规定的最大设计速度[m/s]。

(4)激励波长的临界值 λ_C 应按图E.4 ~ 图E.17确定,此时,λ 值对应于跨径为 L[m]且激励波长在4.5m ~ λ_v 范围内的激励作用最大值 $A_{(L/\lambda)}G_{(\lambda)}$。

当桥跨结构跨径不符合图E.4 ~ 图E.17中的参考跨径 L 时,应考虑取用正好大于或略小于桥跨结构跨径 L 值所对应的两张图。激励波长的临界值 λ_C 应根据对应于最大激励作用的图来确定。不允许图表间的内插。

注:从图E.4 ~ 图E.17中可以看出,在许多情况下 $\lambda_C = \lambda_v$。但是,在某些情况下,当 λ 小于 λ_v 时,λ_C 对应于激励作用的峰值(例如,在图E.4中,λ_v = 17m,λ_C = 13m)。

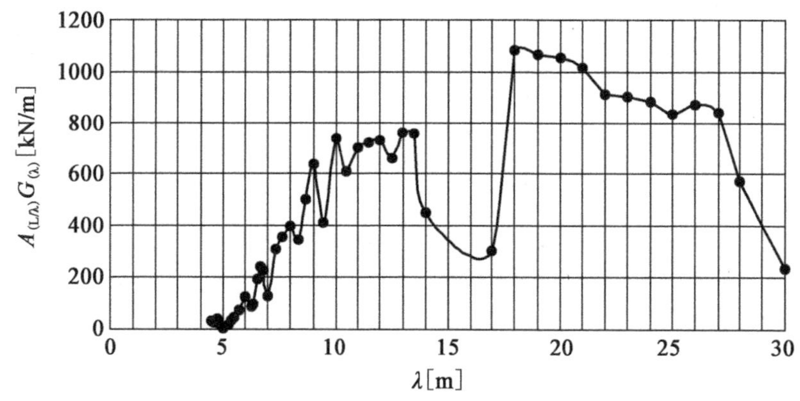

图E.4 L=7.5m简支梁的激励作用函数 $A_{(L/\lambda)}G_{(\lambda)}$(阻尼比 ζ=0.01,λ 为激励波长)

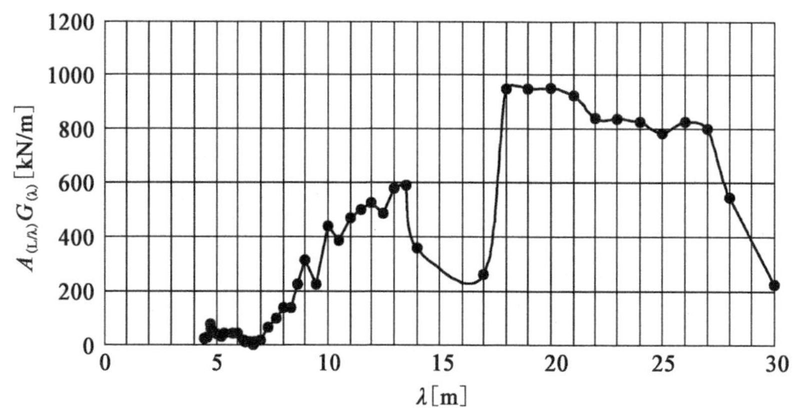

图E.5 L=10m简支梁的激励作用函数 $A_{(L/\lambda)}G_{(\lambda)}$(阻尼比 ζ=0.01,λ 为激励波长)

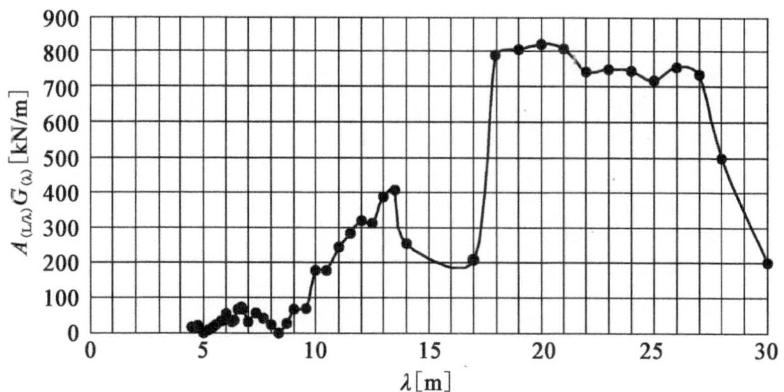

图 E.6　$L=12.5$m 简支梁的激励作用函数 $A_{(L/\lambda)}G_{(\lambda)}$（阻尼比 $\zeta=0.01$，λ 为激励波长）

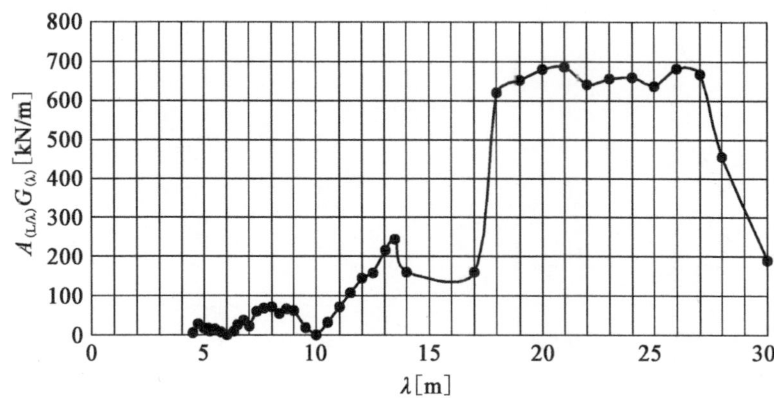

图 E.7　$L=15.0$m 简支梁的激励作用函数 $A_{(L/\lambda)}G_{(\lambda)}$（阻尼比 $\zeta=0.01$，λ 为激励波长）

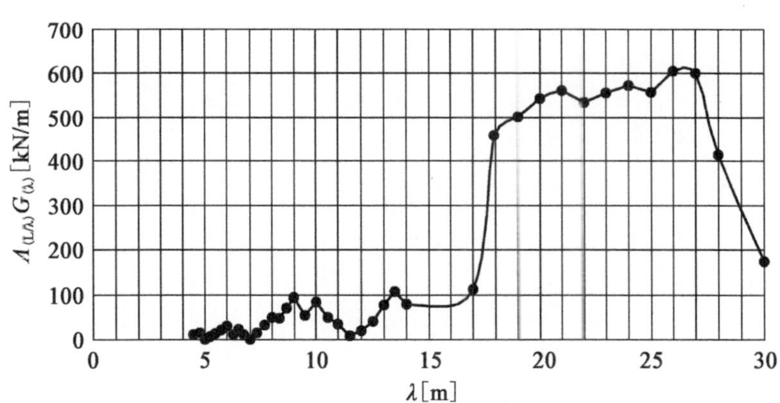

图 E.8　$L=17.5$m 简支梁的激励作用函数 $A_{(L/\lambda)}G_{(\lambda)}$（阻尼比 $\zeta=0.01$，λ 为激励波长）

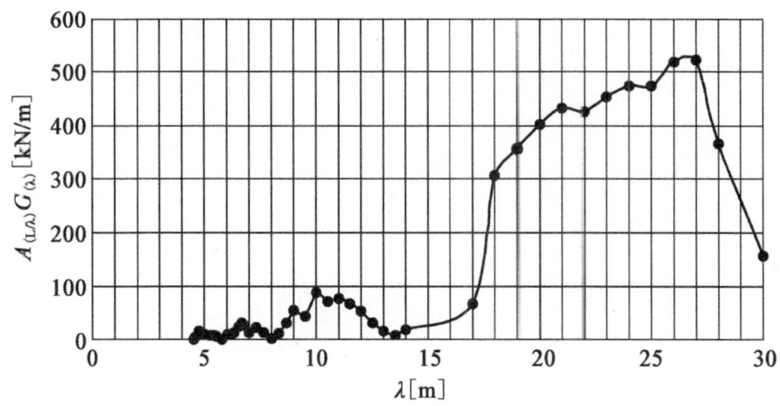

图 E.9　$L=20.0$m 简支梁的激励作用函数 $A_{(L/\lambda)}G_{(\lambda)}$（阻尼比 $\zeta=0.01$，λ 为激励波长）

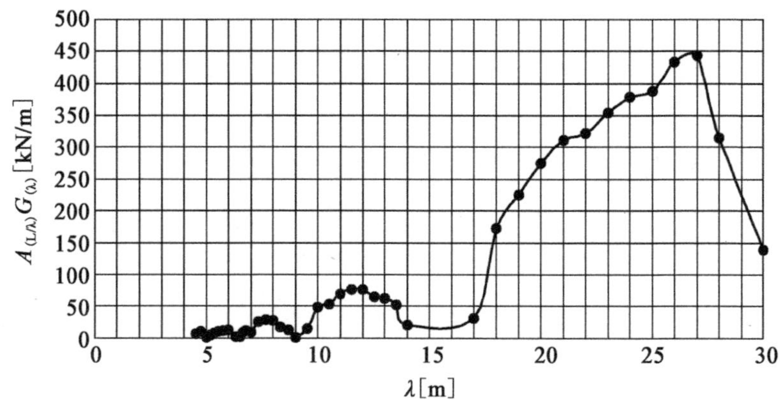

图 E.10 $L = 22.5$m 简支梁的激励作用函数 $A_{(L/\lambda)}G_{(\lambda)}$(阻尼比 $\zeta = 0.01$,λ 为激励波长)

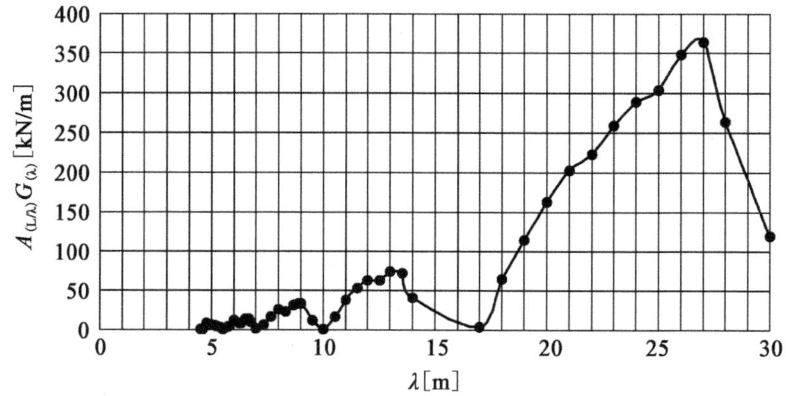

图 E.11 $L = 25.0$m 简支梁的激励作用函数 $A_{(L/\lambda)}G_{(\lambda)}$(阻尼比 $\zeta = 0.01$,λ 为激励波长)

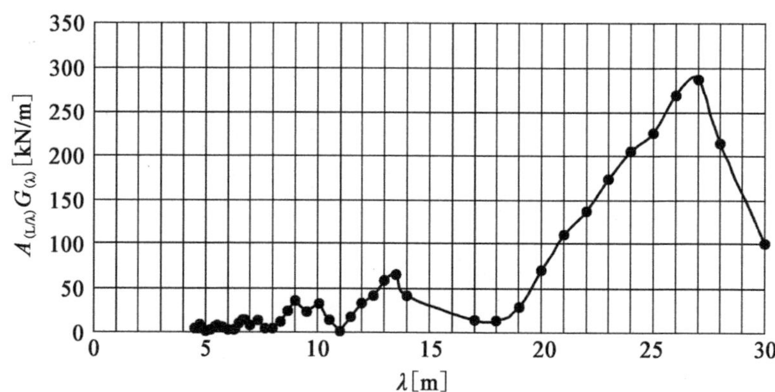

图 E.12 $L = 27.5$m 简支梁的激励作用函数 $A_{(L/\lambda)}G_{(\lambda)}$(阻尼比 $\zeta = 0.01$,λ 为激励波长)

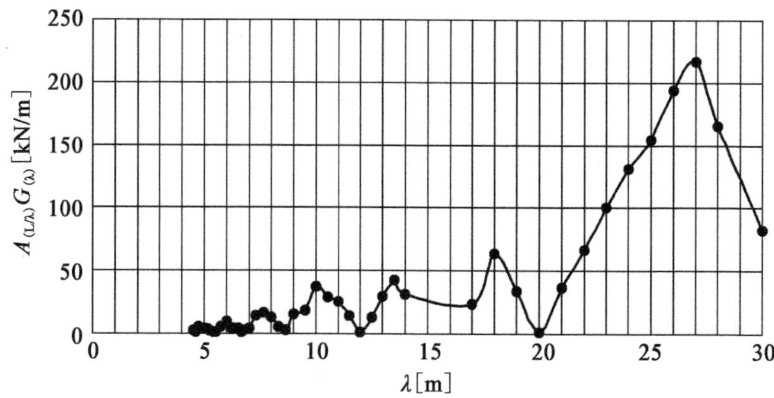

图 E.13 $L = 30.0$m 简支梁的激励作用函数 $A_{(L/\lambda)}G_{(\lambda)}$(阻尼比 $\zeta = 0.01$,λ 为激励波长)

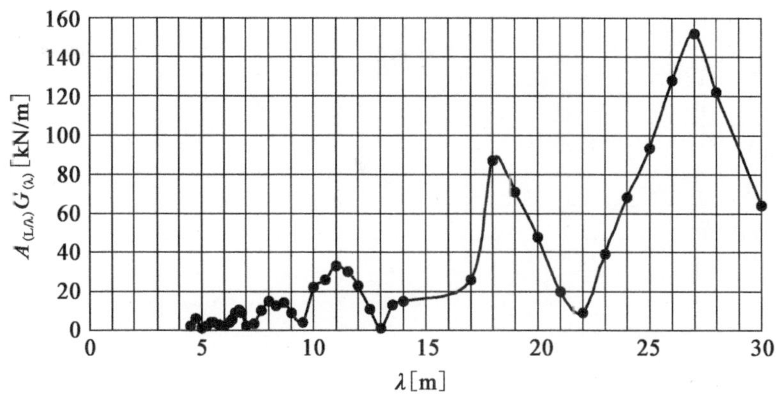

图 E.14　$L=32.5$m 简支梁的激励作用函数 $A_{(L/\lambda)}G_{(\lambda)}$（阻尼比 $\zeta=0.01$，λ 为激励波长）

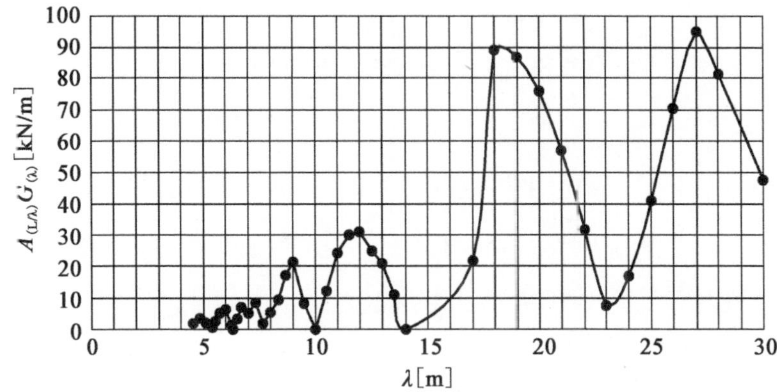

图 E.15　$L=35.0$m 简支梁的激励作用函数 $A_{(L/\lambda)}G_{(\lambda)}$（阻尼比 $\zeta=0.01$，λ 为激励波长）

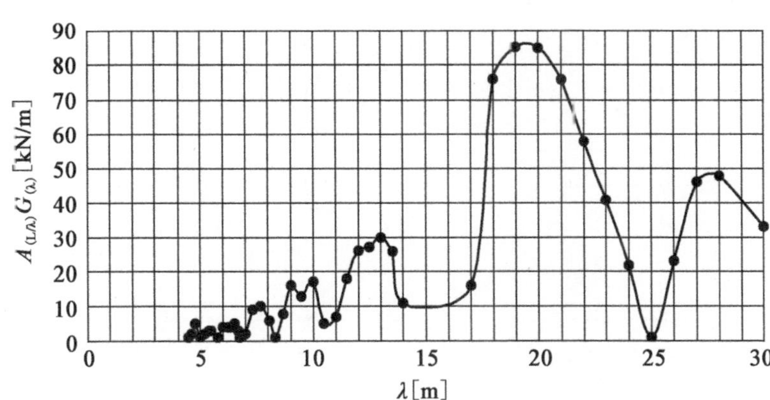

图 E.16　$L=37.5$m 简支梁的激励作用函数 $A_{(L/\lambda)}G_{(\lambda)}$（阻尼比 $\zeta=0.01$，λ 为激励波长）

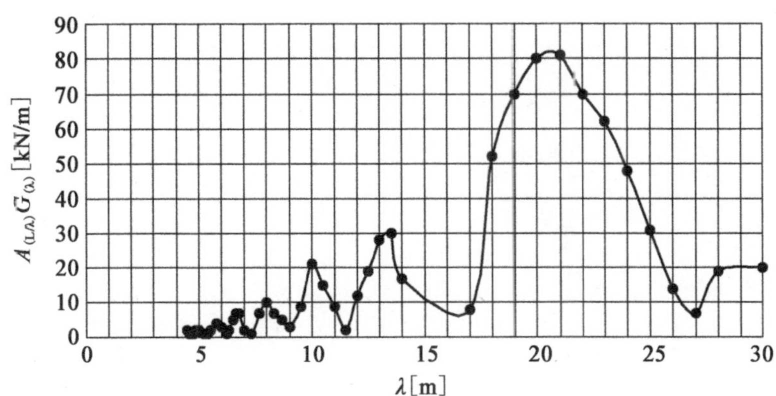

图 E.17　$L=40.0$m 简支梁的激励作用函数 $A_{(L/\lambda)}G_{(\lambda)}$（阻尼比 $\zeta=0.01$，λ 为激励波长）

(5)模型 HSLM-A 中的临界通用列车参数在图 E.18 中规定。

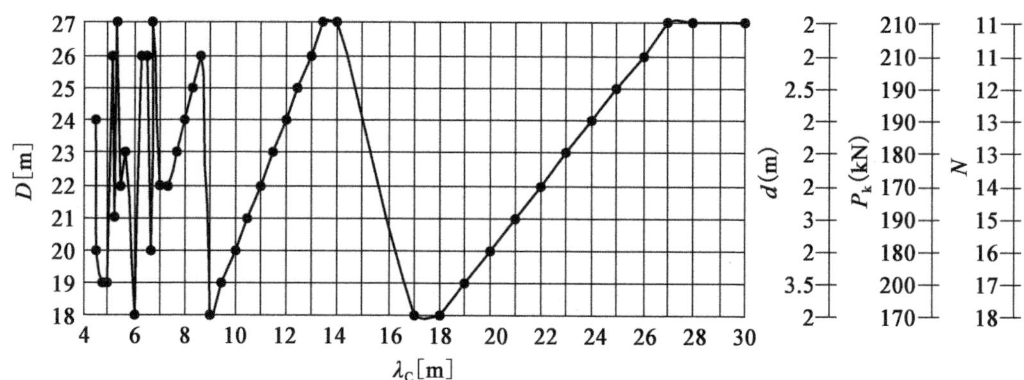

图 E.18 规定模型 HSLM-A 中的临界通用列车的参数(为临界激励波长 λ_C[m]的函数)

注:当 λ_C <7m 时,推荐使用表 6.3 中规定的 A1 ~ A10 通用列车进行动力分析。

其中:

D——图 6.12 中规定的中间车厢与末节车厢的长度[m];

d——图 6.12 中规定的中间车厢及末节车厢转向架的轴间距[m];

N——图 6.12 中规定的中间车厢的数量;

P_k——图 6.12 中规定的中间车厢和末节车厢以及每节动力车中的每个轴位处的集中力[kN];

λ_C——E.2(4)中给出的临界激励波长[m]。

(6)在式(E.4)和式(E.5)中规定了备选的激励作用函数 $A_{(L/\lambda)}G_{(\lambda)}$[kN/m]:

$$A_{(L/\lambda)} = \left| \frac{\cos\left(\frac{\pi L}{\lambda}\right)}{\left(\frac{2L}{\lambda}\right)^2 - 1} \right| \quad (E.4)$$

$$G_{(\lambda)} \cong \underset{i=0 \sim M-1}{\text{MAX}} \frac{1}{\zeta X_i} \sqrt{\left[\sum_{k=0}^{i} P_k \cos\left(\frac{2\pi x_k}{\lambda}\right)\right]^2 + \left[\sum_{k=0}^{i} P_k \sin\left(\frac{2\pi x_k}{\lambda}\right)\right]^2} \left[1 - \exp\left(-2\pi\zeta \frac{X_i}{\lambda}\right)\right] \quad (E.5)$$

其中 i 取值范围为 0 ~ $M-1$,以涵盖包括整个列车在内的所有次级列车。

式中:L——跨径[m];

M——列车上集中力的数量;

P_k——k 轴上的荷载[kN];

X_i——由 i 个轴组成的次级列车长度;

x_k——列车上的集中力 P_k 到第一个集中力 P_0 的距离[m];

λ——激励波长[m];

ζ——阻尼比。

附录 F

(资料性)

不需进行动力分析时要满足的标准

注:附录 F 对于荷载模型 HSLM 无效[附录 F 对 F(4)中给出的列车有效]。

(1)对于满足表 F.1 和表 F.2 中给出的$(v/n_0)_{lim}$最大值的简支结构,给出以下规定:

—最大动力荷载效应(应力、挠度等);

—高速时的疲劳荷载(除了日常运行速度和共振速度一致的情况,在这种情况下,应根据 6.4.6 进行特殊动力分析和疲劳验算)。

不超过由 Φ_2 × 荷载模型 71 所得之值,也不必进行进一步的动力分析;

—桥跨结构最大加速度要小于 3.50m/s² 或 5.0m/s²,取其中的合适值。

表 F.1 简支梁或简支板的$(v/n_0)_{lim}$最大值(允许最大加速度 a_{max} < 3.5m/s²)

质量 m 10^3kg/m		≥5.0 <7.0	≥7.0 <9.0	≥9.0 <10.0	≥10.0 <13.0	≥13.0 <15.0	≥15.0 <18.0	≥18.0 <20.0	≥20.0 <25.0	≥25.0 <30.0	≥30.0 <40.0	≥40.0 <50.0	≥50.0
跨径 $L \in$	ζ	v/n_0	v/n_0	v/n_0	v/n_0	v/n_0	v/n_0	v/n_0	v/n_0	v/n_0	v/n_0	v/n_0	v/n_0
m[a]	%	m	m	m	m	m	m	m	m	m	m	m	m
[5.00, 7.50)	2	1.71	1.78	1.88	1.88	1.93	1.93	2.13	2.13	3.08	3.08	3.54	3.59
	4	1.71	1.83	1.93	1.93	2.13	2.24	3.03	3.08	3.38	3.54	4.31	4.31
[7.50, 10.0)	2	1.94	2.08	2.64	2.64	2.77	2.77	3.06	5.00	5.14	5.20	5.35	5.42
	4	2.15	2.64	2.77	2.98	4.93	5.00	5.14	5.21	5.35	5.62	6.39	6.53
[10.0, 12.5)	1	2.40	2.50	2.50	2.50	2.71	6.15	6.25	6.36	6.36	6.45	6.45	6.57
	2	2.50	2.71	2.71	5.83	6.15	6.25	6.36	6.36	6.45	6.45	7.19	7.29
[12.5, 15.0)	1	2.50	2.50	3.58	3.58	5.24	5.24	5.36	5.36	7.86	9.14	9.14	9.14
	2	3.45	5.12	5.24	5.24	5.36	5.36	7.86	8.22	9.53	9.76	10.36	10.48

表 F.1(续)

质量 m 10^3kg/m		≥5.0 <7.0	≥7.0 <9.0	≥9.0 <10.0	≥10.0 <13.0	≥13.0 <15.0	≥15.0 <18.0	≥18.0 <20.0	≥20.0 <25.0	≥25.0 <30.0	≥30.0 <40.0	≥40.0 <50.0	≥50.0
跨径 $L\in$	ζ	v/n_0	v/n_0	v/n_0	v/n_0	v/n_0	v/n_0	v/n_0	v/n_0	v/n_0	v/n_0	v/n_0	v/n_0
m[a]	%	m	m	m	m	m	m	m	m	m	m	m	m
[15.0,17.5)	1	3.00	5.33	5.33	5.33	6.33	6.33	6.50	6.50	6.50	7.80	7.80	7.80
	2	5.33	5.33	6.33	6.33	6.50	6.50	10.17	10.33	10.33	10.50	10.67	12.40
[17.5,20.0)	1	3.50	6.33	6.33	6.33	6.50	6.50	7.17	7.17	10.67	12.80	12.80	12.80
[20.0,25.0)	1	5.21	5.21	5.42	7.08	7.50	7.50	13.54	13.54	13.96	14.17	14.38	14.38
[25.0,30.0)	1	6.25	6.46	6.46	10.21	10.21	10.21	10.63	10.63	12.75	12.75	12.75	12.75
[30.0,40.0)	1				10.56	18.33	18.33	18.61	18.61	18.89	19.17	19.17	19.17
≥40.0	1				14.73	15.00	15.56	15.56	15.83	18.33	18.33	18.33	18.33

[a] $L\in[a,b)$ 表示 $a\leq L<b$。

注 1:对于加速度、挠度和强度标准,计算 $(v/n_0)_{\text{lim}}$ 时乘了 1.2 的安全系数,对疲劳标准,计算 $(v/n_0)_{\text{lim}}$ 时乘了 1.0 的安全系数。

注 2:表 F.1 包含轨道不平顺的容许误差 $(1+\varphi''/2)$。

表 F.2　简支梁或简支板的 $(v/n_0)_{\text{lim}}$ **最大值**(允许最大加速度 $a_{\max}<5.0\text{m/s}^2$)

质量 m 10^3kg/m		≥5.0 <7.0	≥7.0 <9.0	≥9.0 <10.0	≥10.0 <13.0	≥13.0 <15.0	≥15.0 <18.0	≥18.0 <20.0	≥20.0 <25.0	≥25.0 <30.0	≥30.0 <40.0	≥40.0 <50.0	≥50.0
跨径 $L\in$	ζ	v/n_0	v/n_0	v/n_0	v/n_0	v/n_0	v/n_0	v/n_0	v/n_0	v/n_0	v/n_0	v/n_0	v/n_0
m[a]	%	m	m	m	m	m	m	m	m	m	m	m	m
[5.00,7.50)	2	1.78	1.88	1.93	1.93	2.13	2.13	3.08	3.08	3.44	3.54	3.59	4.13
	4	1.88	1.93	2.13	2.13	3.08	3.13	3.44	3.54	3.59	4.31	4.31	4.31
[7.50,10.0)	2	2.08	2.64	2.78	2.78	3.06	5.07	5.21	5.21	5.28	5.35	6.33	6.33
	4	2.64	2.98	4.86	4.93	5.14	5.21	5.35	5.42	6.32	6.46	6.67	6.67
[10.0,12.5)	1	2.50	2.50	2.71	6.15	6.25	6.36	6.36	6.46	6.46	6.46	7.19	7.19
	2	2.71	5.83	6.15	6.15	6.36	6.46	6.46	6.46	7.19	7.19	7.75	7.75

表 F.2(续)

质量 m 10^3kg/m		≥5.0 <7.0	≥7.0 <9.0	≥9.0 <10.0	≥10.0 <13.0	≥13.0 <15.0	≥15.0 <18.0	≥18.0 <20.0	≥20.0 <25.0	≥25.0 <30.0	≥30.0 <40.0	≥40.0 <50.0	≥50.0
跨径 $L\in$	ζ	v/n_0	v/n_0	v/n_0	v/n_0	v/n_0	v/n_0	v/n_0	v/n_0	v/n_0	v/n_0	v/n_0	v/n_0
m[a]	%	m	m	m	m	m	m	m	m	m	m	m	m
[12.5, 15.0)	1	2.50	3.58	5.24	5.24	5.36	5.36	7.86	8.33	9.14	9.14	9.14	9.14
	2	5.12	5.24	5.36	5.36	7.86	8.22	9.53	9.64	10.36	10.36	10.48	10.48
[15.0, 17.5)	1	5.33	5.33	6.33	6.33	6.50	6.50	6.50	7.80	7.80	7.80	7.80	7.80
	2	5.33	6.33	6.50	6.50	10.33	10.33	10.50	10.50	10.67	10.67	12.40	12.40
[17.5, 20.0)	1	6.33	6.33	6.50	6.50	7.17	10.67	10.67	12.80	12.80	12.80	12.80	12.80
[20.0, 25.0)	1	5.21	7.08	7.50	7.50	13.54	13.75	13.96	14.17	14.38	14.38	14.38	14.38
[25.0, 30.0)	1	6.46	10.20	10.42	10.42	10.63	10.63	12.75	12.75	12.75	12.75	12.75	12.75
[30.0, 40.0)	1				18.33	18.61	18.89	18.89	19.17	19.17	19.17	19.17	19.17
≥40.0	1				15.00	15.56	15.83	18.33	18.33	18.33	18.33	18.33	18.33

[a] $L\in[a,b)$ 表示 $a\leq L<b$。

注 1:表 F.2 中,对加速度、挠度和强度标准,计算 $(v/n_0)_{\lim}$ 时乘了 1.2 的安全系数,对疲劳标准,计算 $(v/n_0)_{\lim}$ 时乘了 1.0 的安全系数。

注 2:表 F.2 包含轨道不平顺的容许误差 $(1+\varphi''/2)$。

其中:L——桥梁跨径[m];

m——桥梁质量[10^3kg/m];

ζ——临界阻尼的百分比[%];

v——最大额定速度,一般情况下为现场最大线路速度,可以采用折减后的速度校核单个列车相关的最大允许列车速度[m/s];

n_0——该桥跨的一阶固有频率[Hz];

Φ_2、φ''——已经在 6.4.5.2 和附录 C 中规定。

(2)表 F.1 和表 F.2 对下列内容有效:

—忽略斜交效应的简支梁桥可模拟成一个刚性支承的线形梁或板。表 F.1 和表 F.2 不应用于有薄桥面板的中承式桥或桁架桥和其他无法用线形梁或板来充分表示的复杂结构;

—轨道和桥面板顶部至结构中性轴的高度足以分布间距至少为2.5m的集中荷载的桥梁;

—列车的类型列于F(4);

—根据6.3.2,以竖向荷载或分类竖向荷载的标准值(取$\alpha \geqslant 1$)设计的结构;

—精心养护的轨道;

—一阶固有频率n_0小于图6.10中给出的上限值的桥跨结构;

—扭转频率n_T满足$n_T > 1.2 \times n_0$的结构。

(3)当不满足上述条件时,应根据6.4.6的规定进行动力分析。

(4)下列列车用于6.4和附录F中条件的扩展(基于相关的互通性标准所允许的列车类型的荷载模型,HSLM除外)。

类型A

$\sum Q = 6936\text{kN}$　$V = 350\text{km/h}$　$L = 350.52\text{m}$　$q = 19.8\text{kN/m}$

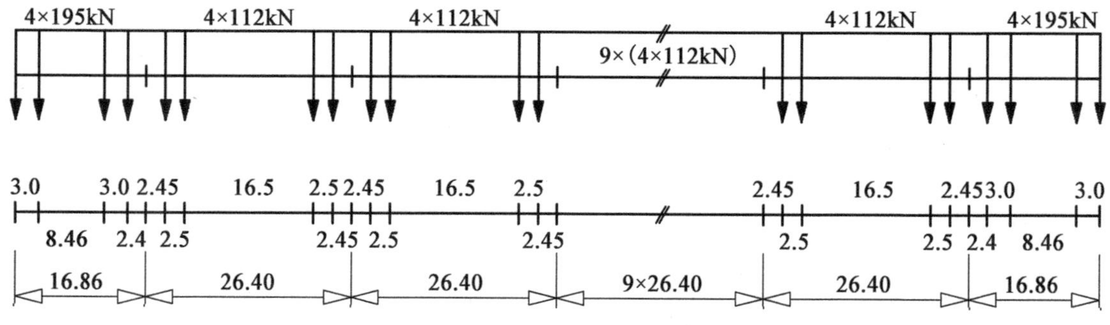

类型B

$\sum Q = 8784\text{kN}$　$V = 350\text{km/h}$　$L = 393.34\text{m}$　$q = 22.3\text{kN/m}$

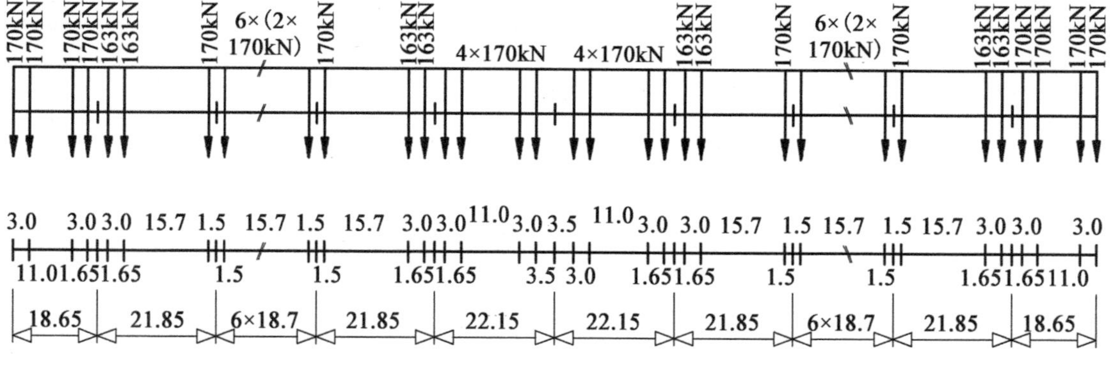

类型C

$\sum Q = 8160\text{kN}$　$V = 350\text{km/h}$　$L = 386.67\text{m}$　$q = 21.1\text{kN/m}$

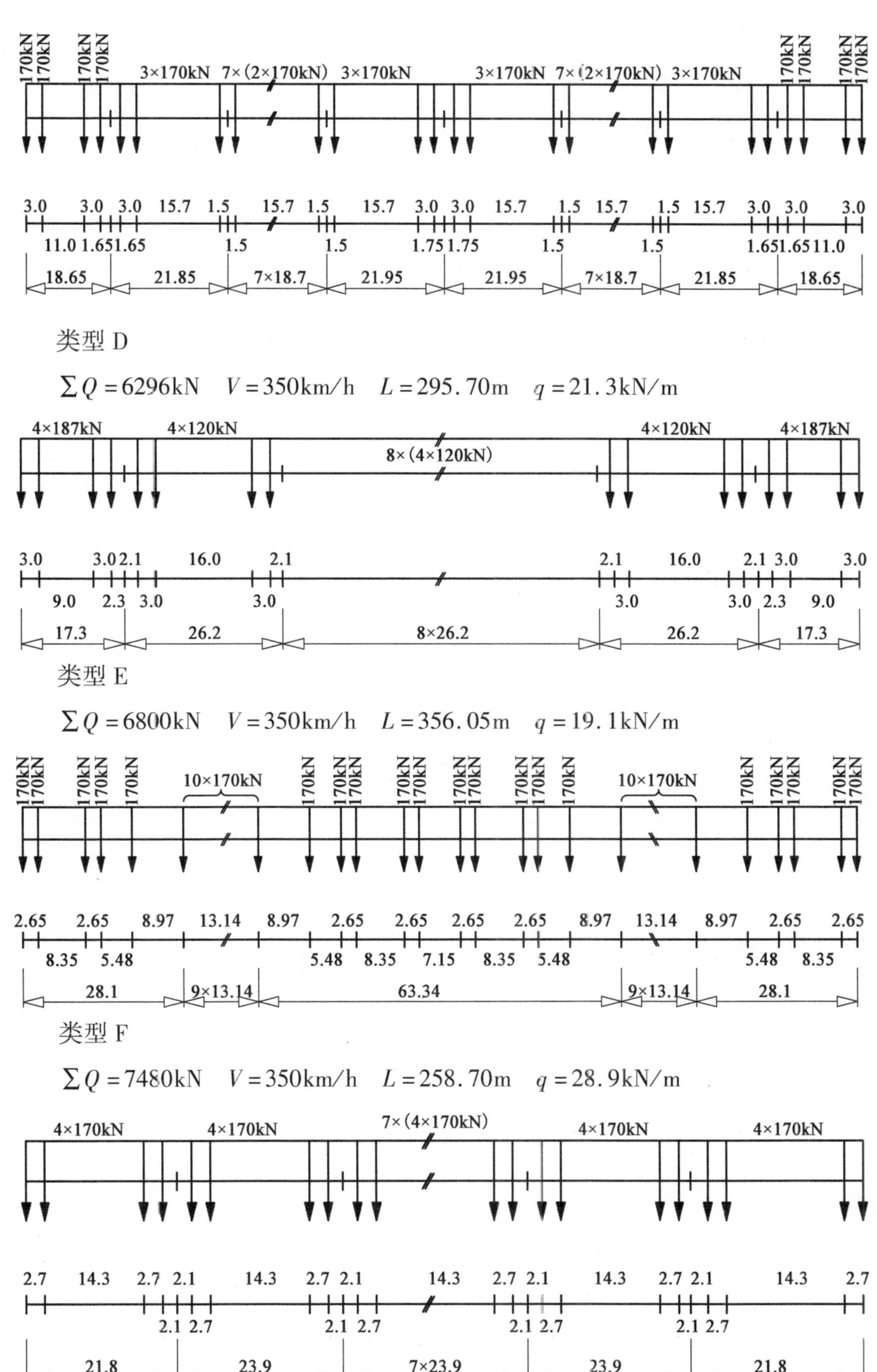

类型 D

$\sum Q = 6296\text{kN}$　$V = 350\text{km/h}$　$L = 295.70\text{m}$　$q = 21.3\text{kN/m}$

类型 E

$\sum Q = 6800\text{kN}$　$V = 350\text{km/h}$　$L = 356.05\text{m}$　$q = 19.1\text{kN/m}$

类型 F

$\sum Q = 7480\text{kN}$　$V = 350\text{km/h}$　$L = 258.70\text{m}$　$q = 28.9\text{kN/m}$

附录 G
(资料性)
结构和轨道可变作用组合响应的确定方法

G.1 简介

(1)下面给出确定结构和轨道可变作用组合响应的方法:

—简支结构或由单个桥跨结构组成的连续结构(G3);

—由一系列简支桥跨结构组成的结构(G4);

—由一系列连续单个桥跨结构组成的结构。

(2)每种情况下要满足的条件如下:

—确定最大容许伸缩长度 L_{TP},其对应于由 6.5.4.5.1(1)给出的最大容许轨道附加应力,或对应于由 6.5.4.5.2(1)给出的牵引力、制动力作用下结构的最大容许变形和由 6.5.4.5.2(2)给出的竖向交通荷载下结构的最大容许变形。当推荐的伸长量 L_T 超过容许伸缩长度 L_{TP} 时,应设置轨道伸缩装置或根据 6.5.4.1 ~6.5.4.5 的要求进行更精确的计算。

—根据以下几点确定固定支座上的纵向作用:

—牵引力和制动力;

—温度变化;

—由竖向交通荷载引起的桥跨结构端部的转动。

(3)在所有情况下,对符合 6.5.4.5.2(3)给出的桥跨结构顶面的最大竖向位移应单独进行验算。

G.2 计算方法的有效性限制

(1)轨道结构:

—UIC 60 钢轨,其抗拉强度不低于 $900N/mm^2$;

—最大间距为65cm的重型混凝土轨枕,或等效轨道结构;

—轨枕下至少有30cm的充分捣实的道砟;

—直轨或轨道半径$r \geqslant 1500$m。

(2)桥梁构造:

伸缩长度L_T:

—对钢结构:$L_T \leqslant 60$m;

—对混凝土结构和组合结构:$L_T \leqslant 90$m。

(3)轨道的纵向塑性受剪抗力k:

—未加载轨道:$k = 20 \sim 40$kN/每米轨道;

—加载轨道:$k = 60$kN/每米轨道。

(4)竖向交通荷载

—由6.3.2(3)得出的荷载模型71(需要时,为荷载模型SW/0),其中$\alpha = 1$;

—荷载模型SW/2。

注:当用$\alpha \times$LM71计算的荷载效应小于或等于用SW/2计算的荷载效应时,该方法对于α值有效。

(5)制动作用

—对荷载模型71(需要时为荷载模型SW/0)和荷载模型HSLM:

$q_{lbk} = 20$kN/m,最大限值$Q_{lbk} = 6000$kN;

—对荷载模型SW/2:

$q_{lbk} = 35$kN/m。

(6)牵引作用

—$q_{lbk} = 33$kN/m,最大限值$Q_{lbk} = 1000$kN。

(7)温度作用

—桥面板温度变化ΔT_D:$\Delta T_D \leqslant 35$K;

—钢轨温度变化ΔT_R:$\Delta T_R \leqslant 50$K;

—钢轨和桥面板的温差最大值:

$$|\Delta T_D - \Delta T_R| \leqslant 20\text{K} \quad (G.1)$$

G.3 由单个桥跨结构组成的结构

(1)最开始,应忽略结构和轨道的可变作用下的组合响应来确定下列值:

—伸缩长度L_T,并验算$L_T \leqslant$由G.2(2)和图6.17得出的最大L_T;

—根据 6.5.4.2 确定的每条轨道下部结构的刚度 K；

—由桥跨结构的变形引起的桥跨结构上边缘的纵向位移：

$$\delta = \Theta H[\mathrm{mm}] \tag{G.2}$$

式中：Θ——桥跨结构端部的转角[rad]；

H——(固定)支座的(水平)旋转轴和桥跨结构顶面之间的高度[mm]。

(2)当未加载轨道/加载轨道的纵向塑性抗剪承载力为 $k = 20/60\mathrm{kN}$/每米轨道和 $k = 40/60\mathrm{kN}$/每米轨道，线性温度系数 $\alpha_T = 10 \times 10^{-6} 1/\mathrm{K}$ 或 $\alpha_T = 12 \times 10^{-6} 1/\mathrm{K}$ 时，图 G.1～图 G.4 中给出了合适的最大容许伸缩长度 L_{TP}[m]。

其中点(L_T,δ)描述了桥跨结构的伸缩长度和因竖向交通荷载引起的桥跨结构端部的纵向位移。当该点的位置低于相应的刚度 K 或内插曲线对应于下部结构纵向刚度 K 时，6.5.4.5.1(1)给出的轨道最大容许附加应力、6.5.4.5.2(1)给出的由牵引力和制动力引起的结构最大容许变形和 6.5.4.5.2(2)给出的由竖向交通荷载引起的结构最大容许变形应满足要求。

如果这一条件不能满足，可以根据 6.5.4.2～6.5.4.5 的要求进行分析或设置轨道伸缩装置，这两种措施可选其一。

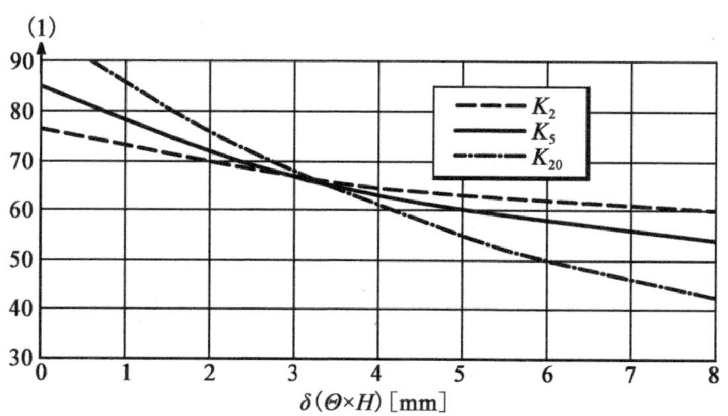

图注：(1)最大容许伸缩长度 L_{TP}[m]

k——轨道的纵向塑性抗剪承载力[kN/每米轨道]：

对未加载轨道：

—$k_{20} = 20\mathrm{kN}$/每米轨道和 $k_{40} = 40\mathrm{kN}$/每米轨道；

对加载轨道：

—$k_{60} = 60\mathrm{kN}$/每米轨道；

K——每延米桥跨结构、每条轨道的下部结构刚度(即下部结构刚度除以轨道数量和桥跨结构长度)[kN/m]：$K_2 = 2 \times 10^3 \mathrm{kN/m}$，$K_5 = 5 \times 10^3 \mathrm{kN/m}$，$K_{20} = 20 \times 10^3 \mathrm{kN/m}$；

α_T——线性温度系数[1/K]；

$\delta(\Theta H)$——由端部旋转引起的桥跨结构上缘的水平位移[mm]。

图 G.1 简支梁桥轨道应力的容许范围($\alpha_T = 10 \times 10^{-6}$[1/K]，$\Delta T = 35$[K]，$k_{20}/k_{60} = 20/60$[kN/m])

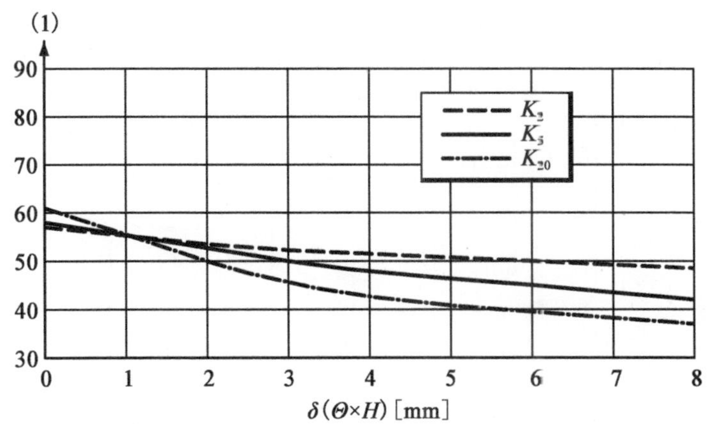

图注:(1)最大容许伸缩长度 L_{TP}[m]

k——轨道的纵向塑性抗剪承载力[kN/每米轨道]:

对未加载轨道:

—k_{20} = 20kN/每米轨道和 k_{40} = 40kN/每米轨道;

对加载轨道:

—k_{60} = 60kN/每米轨道;

K——每延米桥跨结构、每条轨道的下部结构刚度(即下部结构刚度除以轨道数量和桥跨结构长度)[kN/m]:$K_2 = 2\times10^3$kN/m,$K_5 = 5\times10^3$kN/m,$K_{20} = 20\times10^3$kN/m;

α_T——线性温度系数[1/K];

$\delta(\Theta H)$——由端部旋转引起的桥跨结构上缘的水平位移[mm]。

图 G.2　简支梁桥轨道应力的容许范围($\alpha_T = 10\times10^{-6}$[1/K],$\Delta T = 35$[K],$k_{40}/k_{60} = 40/60$[kN/m])

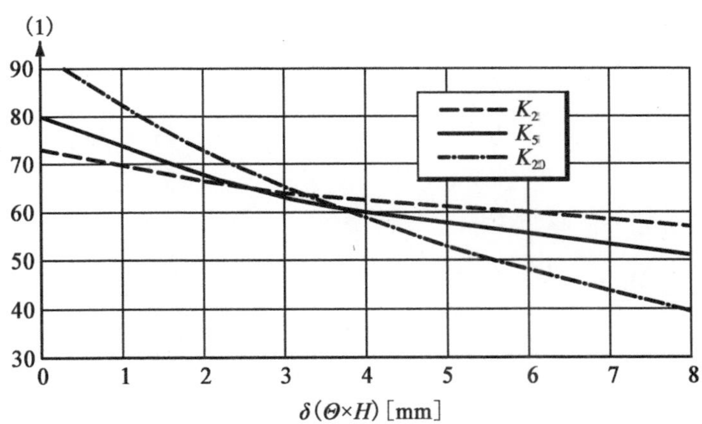

图注:(1)最大容许伸缩长度 L_{TP}[m]

k——轨道的纵向塑性抗剪承载力[kN/每米轨道]:

对未加载轨道:

—k_{20} = 20kN/每米轨道和 k_{40} = 40kN/每米轨道;

对加载轨道:

—k_{60} = 60kN/每米轨道;

K——每延米桥跨结构、每条轨道的下部结构刚度(即下部结构刚度除以轨道数量和桥跨结构长度)[kN/m]:$K_2 = 2\times10^3$kN/m,$K_5 = 5\times10^3$kN/m,$K_{20} = 20\times10^3$kN/m;

α_T——线性温度系数[1/K];

$\delta(\Theta H)$——由端部旋转引起的桥跨结构上缘的水平位移[mm]。

图 G.3　简支梁桥轨道应力的容许范围($\alpha_T = 12\times10^{-6}$[1/K],$\Delta T = 35$[K],$k_{20}/k_{60} = 20/60$[kN/m])

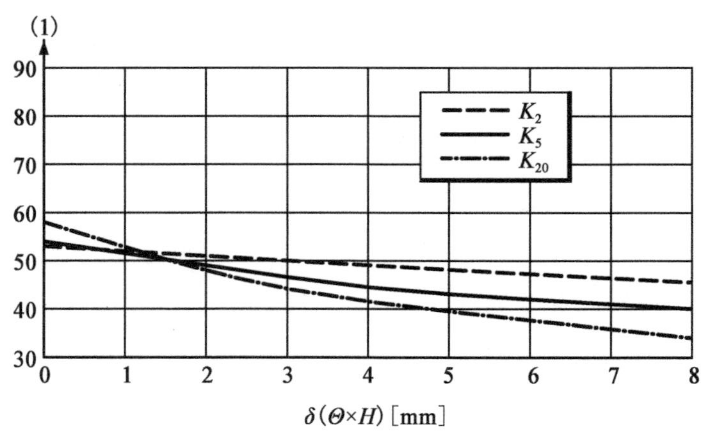

图注:(1)最大容许伸缩长度 L_{TP}[m]

k——轨道的纵向塑性抗剪承载力[kN/每米轨道]:

对未加载轨道:

—k_{20} = 20kN/每米轨道和 k_{40} = 40kN/每米轨道;

对加载轨道:

—k_{60} = 60kN/每米轨道;

K——每延米桥跨结构、每条轨道的下部结构刚度(即下部结构刚度除以轨道数量和桥跨结构长度)[kN/m]:$K_2 = 2\times10^3$kN/m,$K_5 = 5\times10^3$kN/m,$K_{20} = 20\times10^3$kN/m;

α_T——线性温度系数[1/K];

$\delta(\Theta H)$——由端部旋转引起的桥跨结构上缘的水平位移[mm]。

图 G.4　简支梁桥轨道应力的容许范围($\alpha_T = 12\times10^{-6}$[1/K],$\Delta T$ = 35[K],k_{40}/k_{60} = 40/60[kN/m])

(3)在桥梁(固定)支座处由牵引力和制动力、温度变化和竖向交通荷载作用下桥跨结构变形引起的桥梁纵向作用,应按表 G.1 给出的公式确定,这些公式对单轨道是有效的。对于支承刚度为 K_U 的双轨或多轨,可通过假设支承刚度 $K = K_U/2$,并将公式计算所得单轨道的结果乘以 2 来确定固定支座上的作用。

表 G.1　固定支座处纵桥向作用[a]

荷载工况	有 效 范 围	连续焊接轨道	设单轨伸缩装置
制动[e]	$L\geqslant50$m[d]	$82.10^{-3}\times L^{0.9}\times K^{0.4}$[b]	$2.26\times L^{1.1}\times K^{0.1}$[b]
	$L\leqslant30$m[d]	$126.10^{-3}\times L^{0.9}\times K^{0.4}$	$3.51\times L^{1.1}\times K^{0.1}$
温度	$20\leqslant K$[kN/m]$\leqslant40$	$(0.34+0.013k)L^{0.95}\times K^{0.25}$[c]	当 $L\geqslant60$m 时,取 $800+0.5L+0.01K/L$[c] 当 $L\leqslant40$m 时,取 $20L$ 当 40m < L < 60m 时,进行内插计算

表 G.1(续)

荷载工况	有 效 范 围	连续焊接轨道	设单轨伸缩装置
端部旋转	上承式桥	$0.11L^{0.22} \times K^{0.5} \times (1.1-\beta) \times \Theta H^{0.86}$	与连续焊接轨道相同
	下承式或中承式桥	$0.11L^{0.22} \times K^{0.5} \times (1.1-\beta) \times \Theta H$	与连续焊接轨道相同

[a] 在桥跨结构的两端设有轨道伸缩装置时,所有的牵引力和制动力均由固定支座来抵抗。由温度变化在固定支座上引起的作用和由竖向挠度引起的端部旋转取决于结构构造和相应的伸缩长度。

[b] 作用在固定支座的制动力的限值为 6000kN/每条轨道。

[c] 由温度作用引起的固定支座上的力的限值为 1340kN,此时要在桥跨结构一端的所有轨道上设置伸缩装置。

[d] 当 $30\text{m} < L < 50\text{m}$ 时,可以用线性内插法计算制动效应。

[e] 制动力公式考虑了牵引效应。

表中:

K——上述规定中的支承刚度[kN/m];

L——取决于结构构造和可变作用类型的长度[m],见下:

—对于一端设固定支座的简支梁桥:

$$L = L_T$$

—对于一端设固定支座的多跨连续梁桥:

对“制动作用”:

$$L = L_{Deck}\text{(桥跨结构总长)}$$

对“温度作用”:

$$L = L_T$$

对“竖向交通荷载引起的端部旋转”:

$$L = \text{与固定支座相邻桥跨结构的长度}$$

—对中间位置设固定支座的多跨连续梁桥:

对“制动作用”:

$$L = L_{Deck}\text{(桥跨结构总长)}$$

对“温度作用”:

由温度变化引起的作用可以看作是两静定部分的支承反力的代数和,这两个静定部分通过在固定支承截面处分割桥跨结构得到,分割后,每部分桥跨结构均在中间支点处有固定支座。

对“竖向交通荷载引起的端部旋转”:

$$L = \text{固定支座处的最长跨的长度}$$

β——中性轴与桥跨结构顶面之间的距离对桥跨结构高度 H 的比率[比值]。

G.4 连续桥跨组成的结构

(1)除了 G.3 中给出的有效范围,下列有效范围也适用:

—桥上的轨道以及在桥外两端的路堤上至少 100m 内都是无伸缩装置的连续焊接轨道;

—所有桥跨结构具有相同的静力分布(固定支座位于同一端但不在同一个墩上);

——个桥台上仅有一个固定支座;

—每个桥跨结构的长度和桥跨结构长度平均值差异不超过 20%;

—忽略道砟冻结可能性时,如果 $\Delta T_D = 35K$,则每个桥跨结构的伸缩长度 L_T 小于 30m;如果 $\Delta T_D = 20K$,则 L_T 小于 60m(如果桥跨结构的最大温度变化值在 20 ~ 35K 之间,且忽略道砟冻结的可能性,则 L_T 的最大限值可在 30m 和 60m 之间内插);

—对 $L_T = 30m$,固定支座的刚度大于 $2 \times 10^3 \times L_T$[kN/m/轨道]乘以轨道数;对 $L_T = 60m$,固定支座的刚度大于 $3 \times 10^3 \times L_T$[kN/m/轨道]乘以轨道数,其中 L_T 单位为 m;

—每个固定支座处的刚度值(不包括桥台上的固定支座)和支座刚度平均值的差异不得超过 40%;

—由于桥跨结构变形引起桥面板的端部板顶支承轨道处相对于相邻桥台的最大纵向位移值不超过 10mm,估算没有考虑结构和轨道对可变荷载的组合响应;

—由支承轨道的桥面板顶面的变形引起的连续桥面板两端的绝对位移之和小于 15mm,估算没有考虑结构和轨道对可变荷载的组合响应。

(2)由于温度变化、牵引力与制动力和桥跨结构变形引起的纵向支座反力 F_{Lj} 可确定如下:

桥台上固定支座($j = 0$)上的作用 F_{L0}:

—因温度变化:

假定为单个桥跨结构,且第一孔桥跨结构的长度为 L_1,由此确定 $F_{L0}(\Delta T)$。

—因制动力与加速度作用:

$$F_{L0} = \kappa \cdot q_{lbk}(q_{lak}) \cdot L_1 \tag{G.3}$$

式中:κ——当桥台的刚度与桥墩的刚度相同时,$\kappa = 1$;当桥台的刚度至少比桥墩的刚度大 5 倍时,$\kappa = 1.5$;对于中间刚度,κ 值采用内插法求得;

q_{lak}、q_{lbk}——根据 G.2(5)和 G.2(6)中牵引力和制动力得出的作用；

L_1——与固定支座相连接的桥跨结构的长度[m]。

—因桥跨结构的变形引起的支座反力：

$$F_{L0}(q_v) = F_{L0}(\Theta H) \tag{G.4}$$

单个桥跨结构根据 G.3 确定，其中 ΘH 的单位为 mm。

最后，在桥墩上固定支座处的作用应根据表 G.2 确定。

表 G.2　连续桥跨结构支座反力的计算公式

支座 $j=0,\cdots,n$	温度变化 $F_{Lj}(\Delta T)$	牵引力/制动力 $F_{Lj}(q_L)=\kappa q_L L_0$	桥跨结构变形 $F_{Lj}(\Theta H)$
第 1 个固定支座处桥台 $j=0$	$F_{L0}(\Delta T)$	$F_{L0}(q_L)=\kappa q_L L_0$	$F_{L0}(\Theta H)$
第 1 个桥墩 $j=1$	$F_{L1}(\Delta T)=0.2F_{L0}(\Delta T)$	$F_{L2}(q_L)=q_L L_1$	$F_{L1}(\Theta H)=0$
中间的桥墩 $j=m$	$F_{Lm}(\Delta T)=0$	$F_{Lm}(q_L)=q_L L_m$	$F_{Lm}(\Theta H)=0$
第 $n-1$ 个桥墩 $j=n-1$	$F_{L(n-1)}(\Delta T)=0.1F_{L0}(\Delta T)$	$F_{L(n-1)}(q_L)=q_L L_{n-1}$	$F_{L(n-1)}(\Theta H)=0$
第 n 个桥墩 $j=n$	$F_{Ln}(\Delta T)=0.5F_{L0}(\Delta T)$	$F_{Ln}(q_L)=q_L L_n$	$F_{Ln}(\Theta H)=0.5F_{L0}(\Theta H)$

注 1：制动力计算公式计入了牵引效应。

注 2：作用于固定支座的制动力的限值为 6000kN/每条轨道。

注 3：当设置了一个轨道伸缩装置，温度作用在固定支座上引起的力的限值为 1340kN。

附录 H
(资料性)
短暂设计状况下的铁路(轨道)交通荷载模型

(1)对因轨道或桥梁养护产生的短暂设计状况进行设计验算时,荷载模型 71、SW/0、SW/2、“空载列车”、HSLM 和相关的铁路(轨道)交通作用的标准值应等于第 6 章持久设计状况给出的对应荷载的标准值。